电网企业
安全教育培训
一本通

国网新疆电力有限公司安全监察部 编

中国电力出版社
CHINA ELECTRIC POWER PRESS

图书在版编目（ＣＩＰ）数据

电网企业安全教育培训一本通 / 国网新疆电力有限公司安全监察部编 . –– 北
京 : 中国电力出版社 , 2023.12
ISBN 978-7-5198-7334-9

Ⅰ . ①电… Ⅱ . ①国… Ⅲ . ①电力工业—安全生产—安全教育 Ⅳ . ① TM08

中国版本图书馆 CIP 数据核字 (2022) 第 238831 号

出版发行：中国电力出版社
地　　　址：北京市东城区北京站西街 19 号 （邮政编码 100005）
网　　　址：http://www.cepp.sgcc.com.cn
责任编辑：钟　瑾 （010-63412867）
责任校对：黄　蓓　王海南
装帧设计：张俊霞　宝蕾元
责任印制：钱兴根

印　　　刷：三河市万龙印装有限公司
版　　　次：2023 年 12 月第一版
印　　　次：2023 年 12 月北京第一次印刷
开　　　本：787 毫米 ×1092 毫米　16 开本
印　　　张：4.75
字　　　数：85 千字
定　　　价：45.00 元

《电网企业安全教育培训一本通》
编写组

主　　编	何少宇				
副 主 编	徐　肖	杨梦彬			
编写人员	章新涛	王志远	李官虎	李　鑫	朱文彬
	陈　雷	程　石	黄俊珲	袁　月	张清生
	武文磊	刘振国	于　海	陈　伟	韩　尧
	周　凡	张　健	刘　信	尹　君	蔡　强
	马跃飞	赵　诣	刘小寨	邵　敏	李志明

前 言

　　党中央、国务院始终高度重视安全生产工作，特别是党的十八大以来，习近平总书记把安全发展摆在治国理政的高度进行整体谋划推进，强调要坚持人民至上、生命至上，统筹发展和安全，提出了一系列安全生产工作的新思想、新观点、新思路。安全事故大都是由于人的不安全行为或物的不安全状态造成的，而物的不安全状态也往往是由于人为因素造成的，由此可见实现安全生产的关键是人。因此对人的安全教育是安全工作的立本之举，必须通过切实有效的安全教育培训，加强全体员工安全意识，提高安全生产管理及操作水平，增强自我防护能力，保证安全生产工作的顺利进行。

　　电网企业各级单位必须深入贯彻习近平总书记关于安全生产重要论述，牢固树立安全发展理念，认真执行"安全第一、预防为主、综合治理"的方针，坚持"安全是技术、安全是管理、安全是文化、安全是责任"的工作思路，以强化安全意识、规范安全行为、提升事故防范能力、养成安全习惯为目标，坚持"培训不到位是重大安全隐患"的理念，全面落实安全教育培训主体责任，提高安全教育培训工作质量，扎实推动安全教育培训工作破难题、开新局。

为有效提升全员安全意识、安全知识和安全技能，加强安全生产管理、防止和减少安全生产事故、保障从业人员的生命和财产安全、促进各级单位的安全发展，依据国家法律法规和国家电网有限公司相关规章制度的要求，结合电网企业自身特点，特编写了《电网企业安全教育培训一本通》，以对电网企业各级单位安全教育培训工作的管理与实施提供具体、切实可行的指导、指引，推动各单位安全教育培训管理和组织实施的有序性、高效性，进而有效提升安全生产从业人员安全素质。

遵循安全教育培训工作全过程实施与管理原理，在核心内容上，一是重点明确了从培训需求调查、计划制定、实施到监督检查、考核评价的安全教育培训全流程管理要求；二是详细给出了企业主要负责人、安全生产管理人员、在岗生产人员等 9 类不同培训对象的安全培训实施与操作指引；三是分析研判了新上岗（转岗）时、员工休假回厂时、生产任务下达时等 12 种不同时机的安全风险及安全教育培训举措；四是首次提出了安全教育培训伴行理念，为各级带头人践行"安全有感领导"提供了安全教育培训实践伴行指引。

目 录

05　安全教育培训伴行指引

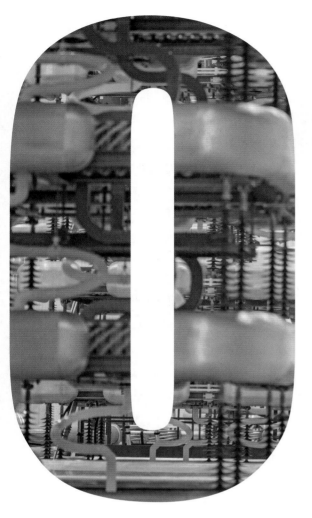

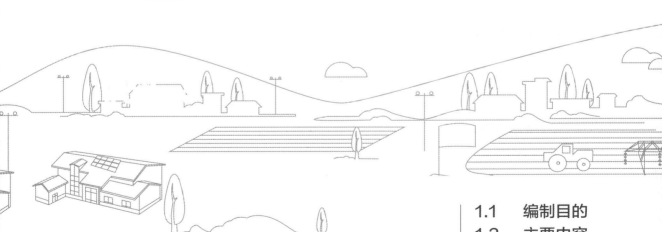

总则

1.1 编制目的

根据国家有关法律法规及《国家电网有限公司安全教育培训工作规定》的具体要求，为提升电网企业及所属各单位的贯彻落实能力，推动各单位安全教育培训管理和组织实施的有序性、高效性，进而有效提高各单位安全教育培训成效，切实提升本单位从业人员的安全意识、安全知识和安全技能，特编制本书，以对电网企业各级单位安全教育培训工作的管理与实施提供指引。

1.2 主要内容

按照安全教育培训工作全过程实施、管理与管控要求，本书从安全教育培训职责分工、培训需求管理、培训计划管理、培训组织实施、培训成效评估、培训考核评价和培训资料管理等环节根据不同培训对象、不同层级、不同时机所开展的培训工作内容对各单位具体实施安全教育培训工作提供相应操作指引，针对不同对象在安全教育培训的实施进行明确规定，同时也将安全教育培训实施中的常见问题进行解答与指引。

1.3 相关定义

（1）**有感领导**：指各级领导通过带头履行安全职责，模范遵守安全规定，以自己的言行展现对安全的重视，让员工看到、听到、感受到领导高标准的安全要求，影响和带动全体员工自觉执行安全规章制度，形成良好的安全生产氛围。

（2）**安全影响力**：各级领导所展现出来的安全行为，以及对安全工作的决心，可以影响员工的安全行为，并积极参与安全健康环境管理。

（3）**安全示范力**：各级领导以身作则，亲力亲为，通过深入现场、遵守制度等良好个人行为，起到模范示范作用。

（4）**安全执行力**：是指员工贯彻安全生产意图、完成安全生产既定目标的操作能力。

（5）**属地管理**：主要以工作区域为主，以岗位为依据，把工作区域、设备设施及工器具细划到每一个人身上，明确属地主管，将对所辖区域的管理落实到具体的责任人，做到每一片区域、每一个设备（设施）、每一个工器具、每一块绿地及闲置地等在任何时间均有人负责管理，可在基层现场设立标示牌，标明属地主管和管理职责。

✎ 安全贴士

贴士1 什么是好的安全设计？

适用对象： 企业主要负责人、安全生产管理人员

对应培训主题： 安全知识、安全技能

请问在您的企业里，员工在乘坐公司通勤班车的时候，有没有要求员工系安全带？如果有要求，员工的执行情况怎么样？是不是所有员工都会按要求系安全带？

有一个机场大巴车的安全带设计得特别有趣，第一，这个安全带是像私家车一样可伸缩式的，不像有些大巴车的安全带会拖在地上，拖在地上的安全带很容易被踩脏，很多乘客不愿意系这个脏兮兮的安全带；第二，同样是私家车的设计理念，乘客坐上去不系安全带的时候，会有"蜂鸣"的报警声音来提醒乘客。一个人不系安全带，其他人把目光看向这个人，甚至有人会问"谁的安全带没有系，导致报警声音这么吵？"

这个故事对安全管理有很大的启发，要让员工在工作中采取安全措施，这种安全措施对员工来讲应该是方便、简单的，不会增加太多不舒适性的体验，这样大家会主动愿意去执行。在设计安全措施的时候要让员工不得不去做，不去执行这个流程就没办法完成这项工作。

贴士2 搞安全管理首先要懂什么是管理

适用对象： 企业主要负责人、安全生产管理人员

对应培训主题： 安全意识、安全知识

有人认为，很多安全管理人员是不懂管理的，不懂管理就从事安全管理工作，工作是做不好的。比如，安全管理人员只会去现场抓检查、抓违章、做考核，靠这种方式来进行安全管理，有一定的效果，但基层的管理者和员工往往很反感这种做法。

什么是管理呢？很多人听说过这句话：专业管理就是"管事理人"。"管事"要运用制度，是科学层面的东西，可以借鉴运用；"理人"属于文化层面，属于哲学范畴，而每种哲学都有它背后独特的背景，文化层面的管理不能盲从，有些国外企业安全管理做得非常好，但把他们的那一套做法运用到自己的企业里面，可能就没办法推行。因为基因不一样，文化的土壤不一样。

贴士3 每个人都是自己岗位的第一责任人

适用对象： 各类岗位

对应培训主题： 安全意识

如何评价一家企业的安全生产月活动？现在很多的企业很重视安全生产月，对于安全生产月的活动企业高层领导都会参加，而且把活动仪式搞得越来越隆重，这么隆重的仪式就能够体现出对安全生产月的重视吗？安全生产活动就肯定做好吗？其实并不一定。

什么样的活动是好的安全月活动呢？可以从两个方面来看：一个是从企业层面看，企业层面首先要有全员参与，气氛要很活跃，要有结果或成果的价值输出；另一个是从投入层面看，搞活动要投入适中。因为要投入时间、精力、成本等，不能把所有的"鸡蛋"都放在安全生产月这一个"篮子"里面，每个月的投入都要均衡。

对于员工来说，可以把它总结为四个要点：①仪式感，能够亲身感受到；②参与感，活动有吸引力，愿意主动地参加这些活动；③荣誉感，比如举办趣味安全运动会，员工在参与这些活动中间能够让自己感受到被尊重，能获得一种荣誉感；④收获感，从企业和员工两个维度来评判什么是一个好的安全生产月活动。

除此之外，还可以从另外4个要点来看待安全生产月的活动：

（1）不能都是公司级的活动。企业的各个部门都要开展安全月的活动，而且不只是生产部门，包括综合管理部、后勤管理部门、工程部、设备部门都要开展安全生产月的活动。如果都是公司级的或者安全部门来组织安全生产月活动，安全活动基本上都是流于形式。公司各个部门可以根据自己的特点和当下安全管理的现状，开展自己的安全生产月活动。

（2）安全活动是否对于员工的知识、技能、行为、态度方面有一些改变。如果安全月做完了，员工的意识、知识、技能、行为没有一点变化，安全生产月活动的形式和氛围即使再隆重，也是没有效果的。

（3）现场环境是否变得更好一点点。尤其是一些设备设施、现场作业环境，有没有通过安全生产月得到一些相应的改善？如果安全生产月结束后，不但没改善反而比以前更差，这个安全生产月活动就没有起到很好的作用。

（4）"三管三必须"（管行业必须管安全、管业务必须管安全、管生产经营必须管安全）是否落地。通过安全生产月的活动，人人遵守《安全生产法》，当好第一责任人，安全管理人员要通过相应的一些活动策划或者培训，形成"管业务必须管安全，管生产经营必须管安全"的意识。

贴士4　意外都在意料之中

适用对象： 各类岗位

对应培训主题： 安全意识

　　老李是一家工厂的老师傅，有次在进行高空作业时没有系上安全带，同事劝他说："老李，这样危险啊！"可是老李仗着自己多年经验，没有对此当回事，说："一会儿就行，马上就好了！"中途老李抹了一把汗，又站起来说："这不……"话没说完，老李从架子上掉落了下来……

　　调查显示，68.2%的员工都有过心存侥幸而不遵守操作规程的情况。他们为了省事方便，明知故犯一些明显的违章行为，结果却酿成了悲剧。所谓的意外，其实都是意料之中。

02

安全培训
全流程管理

构建以"一核三全五维"为基础的安全教育培训体系，即：针对不同岗位、不同专业、不同用工人员，以人员安全素质能力提升为核心，将安全教育培训贯穿员工职业发展全周期、生产经营全专业、现场作业全场景，从"培训对象全覆盖、培训资源有保障、培训项目有经费、培训过程有监督、安全技能有评价"五个维度强化培训全过程闭环管理，提高培训实效，为安全生产稳定提供强大支撑。

2.1　需求调查

（1）广泛开展安全教育培训需求调研。结合"多维度、多方法、求事实、共印证、分优劣"调研原则，每年采用问卷调查、调研访谈、资料收集与分析等不同维度、不同方式方法对各层级安全教育培训工作进行调研与诊断分析，充分了解各级单位安全教育培训现状及各专业、各岗位人员的安全教育培训需求。

（2）定期开展全员"安全素质能力体检"。以各岗位人员"一岗一标"培训大纲要求的安全、技能核心业务能力为牵引，为每位技能人员做一次专属的"安全能力画像"，并出具"安全素质能力诊断报告"，进而按照"缺什么补什么"的原则统筹优化培训资源配置，分层分级制定理论、实操、实践模块化培训计划，学深悟透规章制度、学懂弄通实操演练、学用结合加强实践锻炼，让每位技能人员具备与岗位相匹配的安全能力。

（3）动态开展安全能力弱项培训。各级安监部门、专业部门要及时获取作业现场暴露的安全技能短板，将其转化为培训提升需求源，提升员工参与度，突出培训的针对性、实效性。针对各类安全事故、安全事件、违章事件暴露出的"人的不安全行为"，精准施培违章、安全事故责任人员，落实"一地有事故（事件），全网受教育"。

2.2　培训计划

各级单位对照培训大纲，统筹考虑各层级人员培训需求、能力弱项、培养目标，制订差异化的年度安全教育培训方案和培训计划，分层分级开展全员安全教育培训。

要重视安全规章制度培训，特别是《国家电网公司电力安全工作规程》（简称《安规》）培训，形成"学制度、用制度"的良好氛围。要重视"安全＋技能"培训，技能培训课程中必须加入各业务流程相关安全工作要求。要重视实操培训，强化实操培训的安全管控，将标准化实操培训纳入安全教育培训课程体系，加大实操培训占比。要重视"案例式"教学，在各类安全教育培训班课程中加入案例剖析讲解内容，结合案例讲制度、结合案例促技能，通过案例提升人员安全意识。要重视关键人群培训，规范新上岗、转岗、复岗员工安全培训课程、课时要求，落实好"三级"安全教育培训。加强劳务派遣人员同质化管理，做好岗位安全规程和安全操作技能的安全教育培训、考试，测评不合格的予以退回。实施"三种人"常态化安全培训，至少每半年组织开展一次《安规》、安全职责、现场勘察、两票填写、风险辨识等专项培训，不能以"三种人"资格认定考试代替培训。要重视关键时间节点培训，深入分析安全教育培训内在的规律性，把握新上岗（转岗）、复工复产、时令变换、"五新"应用、发生安全事故事件等有利的安全教育培训时机，争取事半功倍的培训效果。

2.3　培训实施

各部门、各单位应采用集中培训、技能实训、现场培训、在岗自学、仿真培训、远程培训等方式，开展形式多样的安全教育培训。

（1）**集中培训**。各部门、各单位应自行组织或委托专业培训机构开展集中式脱产培训，结果纳入安全教育培训档案。

（2）**技能实训**。各单位应对所有生产技能人员，开展针对性的安全技能实训，详细记录培训过程及结果。

（3）**现场培训**。各单位应结合现场设备、作业环境等实际情况，开展针对性、示范性、互动式安全教育培训。

（4）**在岗自学**。员工在岗期间应积极主动自学安全知识，跟踪学习最新法规、规章和安全技术标准。

（5）**仿真培训**。各部门、各单位应采用仿真技术手段对水电、变电、调控、特种作业等人员，定期进行安全教育培训。

（6）**远程培训**。各部门、各单位应充分利用网络大学广泛实施远程安全教育培训，及时更新网络培训资源，实行网络培训学时学分制。

（7）**跟班实习**。新上岗人员应指定专人负责，采取"师带徒"、轮班实习等方式跟班学习。

2.4 安全考试

各部门、各单位应定期组织安全考试，实行从业人员安全考试全覆盖，结果纳入安全教育培训档案。

1. 省公司层面

（1）安全监督管理部门对本部生产管理部门负责人和专业人员，对各单位的领导干部、生产管理部门负责人，每年进行一次有关安全法律法规和规章制度、安全规程的考试。

（2）安全监督管理部门对各单位工作票（作业票）、操作票相关资格人员（简称"三种人"），不定期进行岗位安全知识、安全技能等内容的抽考。

（3）相关专业管理部门定期开展一次交通、消防、应急避险、网络信息等公共安全知识的全员考试。

（4）各专业管理部门根据需要组织开展专业领域抽调考试。

2. 地市公司层面

（1）各单位安全监督管理部门对本单位生产管理部门负责人及专业人员，对二级机构、县级单位及其生产管理部门负责人及专业人员，每年进行一次有关安全法律法规、规章制度、安全规程的考试。

（2）各单位安全监督管理部门根据工作安排，每年对本单位"三种人"开展资格认定考试。

（3）各单位可根据培训工作实际和考核测评需要，开展全员普考或抽调考试。

3. 县公司层面

各单位二级机构、县公司级单位每年组织一次对班组人员的安全规章制度、安全规程及专业领域安全知识考试。

2.5 基础保障

1. 安全教育培训师资队伍

各部门、各单位应建立省、地、县三级专（兼）职安全教育培训师资队伍，专（兼）职培训师应当接受专门的培训，考核合格后方可上岗。专（兼）职安全培训师每年需接受再培训。鼓励聘任注册安全工程师担任安全培训师。

2. 安全教育培训网络学习资源

根据安全生产法规规章、标准规程，统一组织各单位有序开发，定期完善结构化网络学习资源（培训规范、教材、题库、课件、案例等），建立知识共建共享机制。

3. 安全教育培训场所设施

（1）省公司级。统筹现有培训资源，坚持与生产现场同步、适度超前的原则，加强安全实训设备、设施建设，具备满足从业人员安全教育培训所需的固定场所（地）和仿真培训、技能实训、安全体感等功能。

（2）地市公司级和县公司级。按地域性质和实际需要，可利用本单位或联合其他单位已有培训资源，设立实操技能训练室，满足安全基础知识、安全警示教育、触电急救实训、安全技能实训、应急处置等培训需要，同时，根据不同的安全教育培训知识与技能，可运用安全录像、幻灯、电视、计算机、多媒体、广播、板报、实物、图片展览，以及安全知识考试、演讲、竞赛等多种形式宣传、普及安全技术知识，进行有针对性，形象化的安全文化教育，营造安全文化氛围，提高职工的安全意识和自我防护能力。

4. 安全教育培训档案管理

省公司统一安全教育培训档案系统建设、管理，规范企业和从业人员个人安全教育培训档案，各单位按要求如实上传记录，建档备查。

5. 安全教育培训经费和项目

（1）安全教育培训经费的使用应依据相关法律规定。列入年度教育培训计划的各类项目应在员工教育培训经费中列支。列入安全费的安全技能、应急演练等安全培训应从安全费用中足额列支。在实施技术改造和项目引进时，要专门安排安全教育培训资金。

（2）安全教育培训项目以及场所（地）、设施建设，按照项目管理相关规定，实行项目储备、可研评审、立项实施、验收评估全过程闭环管理。

2.6 监督检查

安全教育培训监督检查实行上级督查，同级督办的工作机制。各级人力资源管理部门应对安全教育培训项目实施情况进行监督检查。各级专业管理部门对本专业领域安全教育培训工作开展情况监督检查。各级安全监督管理部门根据上级部署和年度安全教育培训工作安排，通过日常检查和专项督查等方式，督促落实安全教育培训监督检查规定。安全教育培训监督检查主要内容，应包括：

（1）安全教育培训管理制度、计划制定及实施情况；

（2）安全教育培训经费投入和使用情况；

（3）安全教育培训场所（地）、设施、专（兼）职安全培训师队伍建设情况；

（4）各单位主要负责人、安全生产管理人员及其他从业人员安全教育培训、考试情况；

（5）特种作业人员、特种设备作业人员培训及持证上岗情况；

（6）新上岗人员培训及转岗人员再培训情况；

（7）新工艺、新技术、新材料、新设备使用前对相关人员专项培训情况；

（8）安全教育培训档案建立及规范记录情况；

（9）抽考安全生产应知应会知识；

（10）其他需要检查的内容。

2.7　考核评价

各级单位安全监督管理部门是本单位安全教育培训评价考核的责任部门。安全教育培训实施单位应对安全教育培训全过程开展效果评估，持续提高安全教育培训质量。

各级单位对安全教育培训工作中的先进单位和个人给予表彰和奖励，对安全教育培训工作中存在问题的单位和个人通报批评和考核。对应持证未持证或者未经培训就上岗的人员，一律先离岗、培训持证后再上岗。对各类生产安全责任事故，一律倒查安全教育培训、考试等工作落实不到位的责任。对因未培训、假培训或者应持证未持证上岗人员直接责任引发事故的，按照相关规定进行责任追究。

按照"常态开展、分级覆盖"原则，各级单位应建立逐级评价标准，对各单位、班组安全教育培训工作落实情况进行系统评价，引入定性评价手段破解部分培训工作难以量化评价的难题，建立定性评价与定量考评相结合的培训评价体系，通过持续评价、整改提升、成果固化的过程循环，推进安全教育培训工作规范化、标准化，持续提升从业人员安全素质，全力推进队伍本质安全建设。

省公司层面，由安全监督管理部门牵头，各部门配合，建立各部门对各单位安全教育培训工作量化评价考核机制，每年由各部门成立专业检查组，重点对各单位各专业安全教育培训体系建设、履职履责、培训资源建设、培训效果等方面开展 2~3 次考核评价，各单位考评得分由各专业考评得分汇总而成，考评结果与安全生产状态量化考评结果挂钩。

地市公司层面，各单位应建立地市公司—县公司、县公司—班组、班组—班员的逐级评价机制，突出培训效果评估，不能简单地将安全教育培训计划执行率和考试测评成绩作为考核评价手段，应对专业队伍成长进行全方位的系统评估。

对现场"干中学、学中干"的策划、组织、实施情况以及其他不可量化的培训工作，可通过定性评价方式，以现场到岗到位、各类安全检查、安全教育培训专项检查为契机，由各级到岗到位人员、安全检查人员、选拔内训师、技术和技能骨干等方式，对安全教育培训开展定性评价。

✎ 安全贴士

贴士 5　设计安全培训的参与感

适用对象： 安全教育培训人员
对应培训主题： 安全知识

有一家企业在上领导力的课程时，策划了一个非常有意思的环节：在上课的时候，有专业摄影人员给学员拍照，把这些学员回答问题、做分享的一些精彩、有趣的花絮拍下来，当天就把这些照片冲洗出来，贴在教室的看板上，这样一来，学员感觉这个活动很有仪式感，而且让大家见证这个活动的精心设计，这家企业对于培训的做法很及时，让大家很有参与感，我们的安全培训也可以考虑增加仪式感、引起学员的参与热情。

贴士 6　如何让安全培训课堂活跃起来？

适用对象： 安全教育培训人员
对应培训主题： 安全知识

面对学员不够活跃、现场气氛沉闷的情况，如何通过课堂互动的方式让安全课堂的气氛活跃起来？有以下 4 种技巧。

（1）开放提问。开放性的提问，可以了解学员对培训内容的掌握程度和学员的个性特征，有助于灵活控制培训进度和内容的深度、广度，保证培训效果。

（2）小组研讨或案例分析。指讲师提供事实，由学员通过讨论分析解决问题的方法。这种方式参与性较强、能够加深学员的认识和理解、解决实际问题。

（3）情景模拟。例如讲消防安全中的报警程序，讲师让某一学员扮演报警者，讲师自己或者让另一学员扮演接警人员。

（4）游戏互动。选取的游戏应简单，最好能符合所培训的内容，而且能够自然地穿插到培训当中。

贴士 7　情景模拟让课程更生动

适用对象：安全教育培训人员

对应培训主题：安全知识

在组织员工培训的时候，有时会出现这样的现象：你讲你的，他玩他的，有的学员在睡觉，有的学员在走神……即使培训师精心准备了优质的内容，学员就是听不进去，为什么会出现这种情况呢？除了关于"安全"的培训内容相对比较枯燥和乏味之外，还有一个原因是培训师忽略了课堂上抓住学员注意力的技巧，只想着给他们很好的内容。要知道没有枯燥的内容，只有枯燥的讲述方式。

有这样的一个案例，老师在课堂上打开了一张背景图片，图片内容是一个正在作业的员工没有正确佩戴防护面罩，在背景图片的基础之上，现场做了一个情景模拟，让两个人进行对话……这样做瞬间就抓住了这个课堂上所有学员的注意力。

这位老师用了两种抓住学员注意力的方法：一是用有冲击力图片，因为一图胜千言，图片如果让学员感觉到有趣、新鲜，跟学员有密切关系，一定会抓住学员的注意力；二是在图片的基础之上做一个情景模拟。有了这些有趣的活动，再配上培训师精心准备的课程内容，就让课堂更加生动精彩。

贴士 8　怎样让安全培训生动有趣？

适用对象：安全教育培训人员

对应培训主题：安全知识

很多人以为安全培训课就是枯燥的、乏味的，在大多数企业里面，很多的员工是不愿意参加安全培训的，因为人的天性总是喜欢有趣的事情。如何让安全培训既能够吸引大家的注意力，促使大家参与其中，又能让这个课程有干货，给大家带来一些知识或者启发呢？

有这样一位老师，他在上安全培训课的时候用了一种方法——安全造句。如何来造句呢？这位老师会给一张图片，图片里面有潜藏的相应风险，告诉学员用"因为……所以……"来造句。因为你看到的这个图片中的某个现象，所以接下来有可能发生的某种事故。运用这种方式，学员的积极性更高了，安全造句的授课技巧也深受大家喜欢。

除此之外，这位老师在开班前会的时候也与众不同，班前会有一个流程是"每日一题"，每天谁来回答这道题呢？不是轮流回答，老师用了一种游戏的方式：准备一个小盒子，盒子里面有乒乓球，每个乒乓球上面的编号和每个员工对应起来，乒乓球的个数就等于这个班组员工的个数。每天要做"每日一题"的时候，班长就从乒乓球箱子里面随手抽取一个乒乓球，抽到谁就由谁来回答问题。如果这个员工答错了，班长会来补充或者让其他的员工来补充；如果答对了，就对他进行鼓励和肯定。有了不确定性，大家对于培训活动的参与性更高了。

贴士 9　安全培训如何做到全员参与？

适用对象：安全教育培训人员

对应培训主题：安全知识

（1）全员参与不是一种口号，不是一次活动，而是一种安全理念，尤其是管理者的安全理念。

（2）全员参与不是所有的员工参与一个活动，而是不同层级、不同岗位的人员参与与自己相匹配、相适应的活动。

（3）全员参与不是让员工被动地服从，而是引导、激励其积极自主地参与安全管理和安全文化建设。

（4）全员参与不是某阶段性的形式，而是要一直持续下去的，否则很容易给员工感觉是阶段性的"运动战"，持续性不强。

（5）全员参与，要让参与的人员有参与感。企业应推行高层领导、各级管理人员积极参与、带头做好榜样，并建立全员参与的激励机制。

贴士 10　安全工作不能"胡子眉毛一把抓"

适用对象： 企业主要负责人、安全生产管理人员

对应培训主题： 安全意识、安全知识

　　有一位领导去企业生产现场调研，他对陪同的工作人员说："你们的安全管理工作是做得不错的！"陪同人员很疑惑。这位领导又说："因为当我来到这个车间，看到车间的现场有一块安全看板，这个看板里面有一项内容是关于这个车间负责人的安全工作计划，这个工作计划把本月份要做到的具体事情、完成时间、对应事项一一罗列下来了，并且还有上级领导的审核签字。"

　　原来，这份工作计划正是体现了管理者主动履行安全职责、发挥安全领导力、以身作则的行为。很多企业的管理人员对于安全工作的安排"东一榔头西一棒槌，眉毛胡子一把抓"，安全管理工作抓不住重点，更没有结合企业的实际情况来进行安全管理工作。鉴于此，在企业里面推行个人安全行动计划，是一种行之有效的做法。

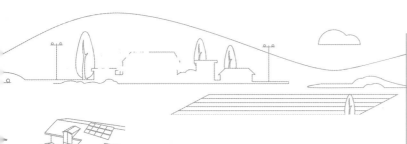

不同对象的
安全培训实施

3.1 企业主要负责人

　　企业主要负责人是指省、市、县公司级的党政主要负责人、分管安全生产的各级领导人员，他们安全意识的强弱，安全管理素质的高低，将直接影响本单位的安全生产。因此，加强企业主要负责人的安全培训教育至关重要，各级领导人员应具备与本企业所从事的生产经营活动相适应的安全知识和管理能力，要学懂弄通习近平总书记关于安全生产重要论述，坚持"人民至上、生命至上"，深刻认识安全生产的极端重要性，切实扛起央企责任担当，时刻把安全放在心上、抓在手上。

　　《生产经营单位安全培训规定》和《国家电网有限公司安全教育培训工作规定》中规定，企业主要负责人应当接受安全培训，特别是新聘任（任命）的各级领导人员必须进行岗前安全教育与考试，初次安全培训时间不少于 32 学时，每年再培训时间不得少于 12 学时。自主学习及参加相关培训主要包括以下内容：

　　（1）国家和上级有关安全生产的方针政策、法律法规、规章制度、标准规范等；

　　（2）安全生产管理知识；

　　（3）安全风险管控、隐患排查治理、生产事故防范、职业危害及其预防措施；

　　（4）应急管理、应急预案以及应急处置知识；

　　（5）事故调查处理有关规定；

　　（6）典型事故和应急救援案例分析；

　　（7）国内外先进的安全生产管理经验；

　　（8）其他需要培训的内容。

　　省公司安监部（安全督查中心）应建立安全管理专班培训模式，每年分专业统一组织开展处级领导人员安全专班培训。培训课程由安全监督管理部门及各级专业部门共同确定，内容侧重安全理念、安全管理方法论、安全生产规章制度、安全管理弱项，涵盖习近平总书记关于安全生产重要论述、安全生产法律法规解读、先进企业安全管理经验、安全组织体系、制度体系、工作体系、责任体系、安全生产重点工作、专业领域安全管理重点、安全管理典型经验交流、安全管理答疑沟通等。

3.2 安全生产管理人员

安全生产管理人员是指安全生产领域安全监督管理部门及各专业部门的四级正副职管理人员及一般管理人员等。安全生产管理人员应具备与本岗位相适应的安全知识和管理能力，要树立"所有事故都可以预防、所有隐患都可以消除"的安全理念，抓实抓细专业安全管理，确保安全生产目标实现。

《生产经营单位安全培训规定》和《国家电网有限公司安全教育培训工作规定》中规定，安全生产管理人员初次安全培训时间不少于 32 学时，每年再培训时间不得少于 12 学时。自主学习及参加相关安全教育培训，主要包括以下内容：

（1）国家和上级有关安全生产的方针政策、法律法规、规章制度、标准规范等；

（2）安全生产管理、安全生产技术、职业卫生等知识；

（3）安全风险分析、评估、预控和隐患排查治理知识；

（4）应急管理、应急预案以及应急处置要求；

（5）工作票（作业票）、操作票管理要求及填写规范；

（6）典型事故和应急救援案例分析；

（7）事故调查处理有关规定，伤亡事故统计、报告及职业危害的调查处理方法；

（8）国内外先进的安全生产管理经验；

（9）其他需要培训的内容。

按照"省地互补"的原则，省公司安全监督管理部门每年统一组织开展部分安全生产管理人员安全专班培训，各单位自行完成其余全部安全生产管理人员安全专班培训，分专业实现安全管理人员集中培训全覆盖。培训课程由各级安全监督管理部门及各级专业部门共同确定，涵盖习近平总书记关于安全生产重要论述、安全生产法律法规解读、先进企业安全管理经验、安全管理方法、如何抓好安全风险管控、隐患排查治理等具体的安全生产工作、如何提高作业人员安全意识、专业领域安全管理重点、安全管理典型经验交流、安全管理答疑沟通等。重视学员安全经验交流，以"输出"促进"输入"，提高培训效果。

3.3　在岗生产人员

在岗生产人员要加强近期国务院安委会办公室、国家电网公司通报的事故及典型违章案例的学习，强化安全警示教育，提升遵章守纪、敬畏安全的意识，树立自身防护理念，推动从"要我安全"到"我要安全"的思想转变。按照《技能人员岗位能力培训规范实施方案》要求，每年接受安全教育培训，掌握本岗位要求的全部能力项。

3.4　班组长

班组长是班组的排头兵，是班组安全生产的组织者和管理者，对本班组的安全生产负有全面管理的责任。按有关规定各单位每年应组织一次对班组长的安全教育培训与考试，主要包括以下内容：

（1）安全生产法规规章、制度标准、操作规程；

（2）安全防护用品、作业机具、工器具使用与管理；

（3）作业场所和工作岗位存在的危险因素、防范措施以及事故应急措施；

（4）作业标准化安全管控相关知识；

（5）工作票（作业票）、操作票管理要求及填写规范；

（6）安全隐患排查治理、违章查纠等相关知识；

（7）现场应急处置方案相关要求；

（8）有关的典型事故案例；

（9）其他需要培训的内容。

3.5　工作票（作业票）、操作票相关资格人员

地市公司级、县公司级单位每年应对工作票（作业票）签发人、工作许可人、工作负责人（专责监护人）、倒闸操作人、操作监护人等进行专项培训，并经考试合格、书面公布。主要包括以下内容：

（1）安全工作规程、现场运行规程和调度、监控运行规程等；

（2）工作票（作业票）、操作票管理要求及填写规范；

（3）作业场所和工作岗位存在的危险因素、防范措施以及事故应急措施；

（4）作业标准化安全管控相关知识；

（5）典型违章、安全隐患排查治理、违章查纠等相关知识；

（6）其他需要培训的内容。

3.6 特种作业人员

凡在《特种作业目录》范围内的一线作业人员，必须取得由应急管理厅（局）（原安全生产监督局）颁发的特种作业操作证，电工作业人员要根据岗位工作内容，对应取得低压电工作业、高压电工作业、电力电缆作业、继电保护作业、电气试验作业和防爆电气作业准操作项目特种作业操作证，高处作业人员对应取得登高架设作业、高处安装维护拆除作业准操作项目特种作业操作证，焊接与切割作业人员对应取得熔化焊接与热切割作业准操作项目，特种作业操作证各类作业人员严格按照准操作项目上岗作业，各操作项目不得相互替代。

根据《特种作业人员安全技术培训考核管理规定》中"对特种作业人员的安全技术培训，具备安全培训条件的单位应当以自主培训为主，也可以委托具备安全培训条件的机构进行培训。委托其他机构进行特种作业人员安全技术培训的，保证安全技术培训的责任仍由本单位负责。""离开特种作业岗位6个月的作业人员，应重新进行实际操作考试，经确认合格后方可上岗作业。"各单位根据特种作业持证情况，加快推进人员培训取证工作，原则上从事机关管理岗位且非一线作业人员不再参加统一培训取证。其中低压、高压电工及高处作业（高处安装维护作业）在地市所在地培训考试，焊接与切割作业、电力电缆、继电保护、电气试验、高处作业（登高架设作业）及特种设备作业在省公司级培训中心培训考试。

3.7 特种设备作业人员

凡在《特种设备作业人员资格认定目录》范围内的特种设备操作人员，必须取得由质量技术监督局颁发的特种设备作业人员证，并经单位批准，方可从事特种设备操作。各单位要严格落实"谁主管、谁负责""谁使用、谁负责"的安全生产管理责任，摸清企业系统使用的特种设备管理情况，落实各类特种设备作业人员培训及取证要求，确保起重机械规范管理。

（1）各单位安全监督管理部门：负责本单位特种设备安全监督管理工作，细化本单位特种设备安全管理要求；监督开展特种设备有关安全知识、安全技能、应急演练等专项教育活动；督促专业管理部门健全完善特种设备台账和特种设备作业人员台账。

（2）各单位运检、建设、营销、后勤等专业管理部门：负责本专业特种设备管理工作，细化本专业相关管理和技术要求；组织实施本专业特种设备作业人员资质取证与审核；动态完善本专业特种设备台账和作业人员台账。

（3）各单位发展、财务、人资、物资等保障部门：负责在本部门职责范围内为特种设备作业人员培训取证工作提供相关保障和支持。

（4）特种设备使用单位：负责本单位特种设备全过程安全管理，承担特种设备使用安全主体责任。制定并组织实施本单位特种设备定期检验检测计划、特种设备作业人员取复证及年度培训计划；开展特种设备作业人员安全教育培训及资质审核，确保相关人员持证上岗。

3.8　劳务派遣人员

使用劳务派遣人员的单位，应当将其纳入本单位从业人员统一管理，对劳务派遣人员进行岗位安全规程和安全操作技能的教育培训和考试。劳务派遣单位应对劳务派遣人员进行必要的安全教育培训。

3.9　外来工作人员

使用单位应对劳务分包、厂家技术支持等人员进行必要的安全知识和安全规程的培训，如实告知作业场所和工作岗位存在的危险因素、防范措施以及事故应急措施，并经设备运维管理单位认可后方可参与指定工作。

（1）计划进入企业生产经营区域作业的外包（分包）作业人员应按要求由项目建设管理单位办理安全准入，准入前应参加不少于16课时的安全教育培训。培训内容应结合作业场所和工作岗位存在的危险因素、防范措施以及事故应急措施合理制定，包含6课时的安全规程培训、6课时的专业技能培训、2课时的震撼式警示教育、2课时的紧急救护培训，并根据需要调增其他培训项目。

（2）省管产业单位、送变电公司的项目管理关键岗位人员（项目经理、总工、安全专责、班组长）应由省管产业单位、送变电公司统一组织开展准入前安全教育培训，项目经理组织项目部其他所有作业人员开展准入前安全教育培训。

（3）计划进入企业生产经营区域作业的社会施工单位的项目管理关键岗位人员（项目经理、总工、安全专责、班组长）应由施工单位统一组织开展准入前安全教育培训，项目经理组织其他所有作业人员开展准入前安全教育培训。

（4）各监理单位的项目管理关键岗位人员（总监、总代、安全监理师）应由监理单位统一组织开展准入前安全教育培训，总监组织项目部其他所有作业人员开展准入前安全教育培训。

（5）项目建设管理单位根据工作实际在对施工单位、监理单位准入前安全教育培训组织过程及培训效果进行检查，检查是否完成规定课时、内容的安全教育培训，核对相关培训资料完整齐全。

（6）各级安全监督管理部门应加强监督管理，对项目建管单位相关责任落实情况进行督查，对外包（分包）作业人员准入前安全教育培训情况进行检查。

✎ 安全贴士

贴士 11　安全人的样子

适用对象：企业主要负责人、安全生产管理人员

对应培训主题：安全意识

怎样才算像个"安全人"的样子呢？有一位老师去给一家企业做安全培训，这个企业的安全经理开着自己的私家车亲自去接老师，当老师把行李箱放在汽车尾厢的时候，发现车尾厢里面有灭火器、急救箱，老师说："你这个应急措施做得比较好啊！"这位安全经理笑着回了一句："'安全人'，就要有'安全人'的样子"。其实，如果我们在生活中能做到，无论是开车还是走路从来不闯红灯，这也是"安全人"该有的样子。

贴士12　怎样让人快速掌握某个安全知识？

适用对象： 安全教育培训人员

对应培训主题： 安全意识

飞机上安全出口的座椅旁边贴着一个安全告知，是在提醒乘客：紧急情况下如何开启舱门、如何做一些其他应急的事项。这份安全告知的文字很少，基本上都是用图形的方式来提醒乘客，这种简洁的方式通俗易懂，可操作性很强。

飞机上的安全告知也在启发着我们：安全操作规范应该用流程图、图片的形式来呈现，这种呈现方式会更容易被人理解和接受。因为人类获取信息，主要途径是视觉，大脑对图形内容更容易理解和记忆。

贴士13　安全员到底要不要管安全？

适用对象： 安全生产管理人员

对应培训主题： 安全意识、安全知识

一些安全管理人员认为，安全部门的职责就是监督、监管、考核，其实安全管理的"管"有两重意思：第一层是"监管、操纵、控制"的意思；第二层是"照料、照顾、想办法、出主意"的意思。

比如某个小孩对父母说："我不要你管！"父母生气地说："我不管，就饿死你"。其实这是偷换概念，小孩说的"我不要你管"，是不需要被监管，大人把它理解为"我不管你，就是不照顾你"。很多安全管理人员认为安全管理的"管"只是"监管、监督、控制"的意思，其实安全管理人员还需要做协调服务的事情，安全管理人员要赋能其他职能部门，要给公司的安委会和高管出谋划策。

贴士14　安全责任不推卸

适用对象： 安全教育培训人员

对应培训主题： 安全知识

一个三岁的孩子不小心撞到了桌子腿上，号啕大哭起来，两个人过来哄他。第一

个人先是用手打一下桌子，告诉孩子是桌子的错，因为桌子摆放的位置不对，才让他撞到了；第二个人把孩子叫到桌子边说："以后跑得太快还会撞的，要慢点，而且要看前方！"

　　这件事情可以看出，第二个人非常注意对孩子的责任心培养，桌子没有生命，不可以把撞到桌子的责任怪罪给桌子。企业的安全管理工作同样如此，推卸责任是不可取的。

不同时机的
安全培训实施

4.1 新上岗（转岗）时

1. 风险

员工新上岗、转岗时，因不熟悉安全规程，不具备安全技能，易发生人身伤亡等事故。

2. 安全教育培训举措

（1）新上岗人员安全教育培训。

新入职员工经过地市公司、县公司、班组三级安全教育并经逐级考核全部合格后，方可上岗。三级安全教育的主要内容应有以下三个方面。

1）地市公司级安全教育。

地市公司级安全教育一般由地市公司安全监督管理部门负责进行。新入职人员必须百分之百进行教育，教育后要进行考试，成绩不合格者要重新教育，直至合格。

a. 讲解党和国家有关安全生产的方针、政策、法律、法规及国家电网公司有关电力生产、建设的规程、规定，讲解劳动保护的意义、任务、内容及基本要求，使新入厂人员树立"安全第一、预防为主"和"安全生产，人人有责"的思想。

b. 介绍本企业的安全生产情况，包括企业发展史（含企业安全生产发展史）、企业生产特点、企业设备分布情况（着重介绍特种设备的性能、作用、分布和注意事项）、主要危险及要害部位，介绍一般安全生产防护知识和电气、起重及机械方面安全知识，介绍企业的安全生产组织机构及企业的主要安全生产规章制度等。

c. 介绍企业安全生产的经验和教训，结合企业和同行业常见事故案例进行剖析讲解，阐明伤亡事故的原因及事故处理程序等。

d. 提出希望和要求。要求受教育人员要按《全国职工守则》和企业职工奖惩条例积极工作；要树立"安全第一、预防为主"的思想；在生产劳动过程中努力学习安全技术、工作规程，经常参加安全生产经验交流、事故分析活动和安全检查活动；要遵守操作规程和纪律，不擅自离开工作岗位，不违章作业：不随便出入危险区域及要害部位；要注意劳逸结合正确使用劳动保护用品等。

2）县公司级安全教育。

各县公司有不同的生产特点和不同的要害部位、危险区域和设备，因此，在进行本级安教育时，应根据各自情况详细讲解。县公司级的安全教育由县公司行政一把手和安监人员负责。

a. 介绍本单位生产特点、性质。如生产方式及工艺流程；人员结构；安全生产组织及活动情况，主要工种及作业中的专业安全要求，危险区域、特种作业场所，有毒有害岗位情况，安全生产规章制度和劳动保护用品穿戴要求及注意事项；事故多发部位、原因及相应的特殊规定和安全要求；常见事故和对典型事故案例的剖析，安全生产、文明生产的经验与问题等。

b. 根据本单位的特点介绍安全技术基础知识。

c. 介绍消防安全知识。

d. 介绍本单位安全生产和文明生产制度。

3）班组级安全教育。

班组是企业生产的"前线"，生产活动是以班组为基础的，由于操作人员活动在班组、机具设备在班组，事故常常发生在班组，因此，班组安全教育非常重要。班组安全教育的重点是岗位安全基础教育，主要由班组长和安全员负责教育。安全操作法和生产技能教育可由安全员、培训员或包教师傅传授。

a. 介绍本班组生产概况、特点、范围、作业环境、设备状况、消防设施等。重点介绍可能发生伤害事故的各种危险因素和危险部位，可用一些典型事故实例去剖析讲解。

b. 讲解本岗位使用的机械设备、工器具的性能，防护装置的作用和使用方法；讲解本工种安全操作规程和岗位责任及有关安全注意事项，使学员真正从思想上重视安全生产，自觉遵守安全操作规程，做到不违章作业，爱护和正确使用机器设备、工具等；介绍班组安全活动内容及作业场所的安全检查和交接班制度；教育学员发现了事故隐患或发生了事故，应及时报告领导或有关人员，并学会紧急处理险情。

c. 讲解正确使用劳动保护用品及其保管方法和文明生产的要求。

d. 实际安全操作示范，重点讲解安全操作要领，边示范、边讲解，说明注意事项，并讲述哪些操作是危险的、是违反操作规程的，使学员懂得违章将会造成的严重后果。

安全生产贯穿整个生产劳动过程，而三级教育仅仅是安全教育的开端。新入职人员只进行三级教育还不能单独上岗作业，还必须根据岗位特点，再接受生产技能和安全技术培训。对特种作业人员，必须进行专门培训，经考核合格，方可持证上岗操作。另外，根据企业生产发展情况，还要对职工进行定期复训安全教育等。

（2）转岗人员安全教育培训。

调换新工作岗位，主要指员工在县级单位、班组变换工种，或调换到与原工作岗位操作方法有差异的岗位，这些人员应由接收单位进行相应工种的安全生产教育和安全规程考试。教育内容可参照"新上岗人员三级安全教育培训"的要求确定，一般只需进行县级单位、班组二级安全教育。但调作特种作业人员，要经过特种作业人员的安全教育和安全技术培训，经考核合格取得操作许可证后方准上岗作业。

4.2 时令季节变换及逢年过节时

1. 风险

时令季节变换时，恶劣天气条件下未采取有效的保护措施进行作业，易发生人身伤亡事故。逢年过节时，员工心思浮动，忙于做回家探亲和短期休息的准备，易发生误操作、设备事故。

2. 安全教育培训举措

（1）时令季节变换时，主要指针对有些地区春季融雪大风，夏、秋季高温多雨，冬季寒冷冰冻等明显的季节性运行特点，按照"春考夏练秋赛冬培"的培训思路，把握好春检、保电、冬训等培训良机，开展季节特点突出的地市公司、县公司、班组三级安全教育培训，有效防范和减少各类事故的发生。

（2）逢年过节时，主要指不少于三天的节日或者春节、中秋节前后，员工的安全意识开始松懈，这时应由各级单位、班所结合安全会议、班组安全日活动开展节前、节后收心会。教育内容包含震撼式警示教育、案例讨论、《安规》等安全规程制度，需进行县公司、班组二级安全教育。

4.3 员工休假回厂时

1. 风险

员工常因休假（婚、丧或产、病假等）而造成情绪波动，身体疲乏，精神分散，思想麻痹，复工后容易因意志失控或者心境不定而产生不安全行为导致事故发生。

2. 安全教育培训举措

休假后复工安全教育是指员工因婚、丧或产、病假等休假后的安全教育培训。针对休假的类别，进行复工"收心"教育，班组利用员工公休返回后的第一个安全日活动，将公休期间的安全日活动进行补学，并在安全日活动记录本上做好记录；超过三个月的产、病假，执行《安规》中规定"因故间断电气工作连续三个月以上者，应重新学习本规程，并经考试合格后，方能恢复工作"，班组对员工进行《安规》、安全技能培训并考试合格后进行现场工作。

4.4 员工工伤复工时

1. 风险

员工工伤复工时，工伤休息时安全技能退步，身体状况未完全复原，无法从事高强度现场工作；工伤后修养一段时间，安全观念会慢慢淡薄起来，产生麻痹思想，易发生违章和设备事故。

2. 安全教育培训举措

工伤后的复工安全教育，首先要针对已发生的事故作全面分析，找出发生事故的主要原因，并指出预防对策，进而对工伤复工者进行安全意识教育，岗位安全操作技能教育及预防措施和安全对策教育等，引导其端正思想认识，正确吸取教训，提高操作技能，克服操作上的失误，增强预防事故的信心。

对于因工伤超过三个月的复工安全教育，应由各单位、班组进行，经过《安规》、安全技能培训考试合格后，方允许其上岗操作。对休假不足三个月的复工者，一般由班组长或班组安全员对其进行复工教育。离开特种作业岗位六个月的作业人员，应重新进行实际操作考试，经确认合格后方可上岗作业。

杜绝一起事故并非惊天动地，酿成一起事故将要悔恨一生。

4.5 生产任务下达时

1. 风险

生产任务下达时，员工忙于准备材料、工器具、票、卡等，未提前进行现场勘察和现场危险点分析，易发生误操作等事故。

2. 安全教育培训举措

生产任务下达后，各地市公司相关部门应组织召开启动会、工作推进会等专题会议，安排部署、审查指导相关准备工作落实情况，着重分析、检查现场危险点和防范措施。县公司到岗到位人员应组织所有参与生产任务的相关班组工作负责人、工作班成员等开展全流程、全场景安全教育培训，确保生产任务安全完成。班组指派的工作负责人和工作人员，应具备相应资质，技能水平能满足任务内容要求。作业前，由工作负责人组织全部作业人员开展安全教育培训，重点培训作业方法、作业流程、人员分工、安全措施、作业风险及其防范措施。若有新参加工作的人员，还应进行安全培训和现场告知，且新参加工作的人员只能参加指定工作，禁止单独工作。当日工作结束后，做好当日工作盘点、总结和次日工作要点宣贯。

4.6 重大安全措施实施时

1. 风险

重大安全措施实施时，员工的个人工作经验和能力、班组的支持有可能不足以实施重大安全措施，需要班组、县公司甚至地市公司安全监督人员、专业技术人员、管理人员的支持，安全措施实施时，多人、多作业面实施，协调难度大，易发生电网事故。

2. 安全教育培训举措

重大安全措施实施时，安全教育教育的对象包括工作班成员、工作负责人、到岗到位人员、安全监督人员、专业技术人员、工作相关各级管理人员。

（1）地市公司专业部门要针对本次重大工作进行现场勘察、召开协调会。

（2）安全监督部门负责监督落实重大安全措施的执行。

（3）各单位、班组，对事故预判，提前组织反事故演练，如涉及多班组，提前组织联合反事故演练。

（4）实施的班组要组织人员进行操作、作业预演，组织针对此次作业的安全技能和操作培训，提高操作、工作技能，尽量避免操作、工作上的失误。

4.7 运用新工艺、新技术、新材料、新设备、新产品时

1. 风险

运用新工艺、新技术、新材料、新设备、新产品（简称"五新"）作业时，未知因素多，员工对"五新"的危险因素了解甚少，缺乏操作知识，容易发生事故。

2. 安全教育培训举措

"五新"作业时，必须对操作者和有关人员加强安全教育和管理。为了搞好"五新"安全教育，运维人员、检修人员、安全监督人员应在"五新"应用前，预先进行危险性评价和安全系统分析。一般可采取如下步骤：

（1）确定生产过程中的危害、危险因素，并收集有关资料。

（2）确定生产过程中的主要危险、危害单元，对劳动保护现状进行调查分析。

（3）对生产中火灾、爆炸危险性大、中毒的主要单元装置作危险性评价。

（4）提出劳动保护评价结论及对策措施。

通过以上评价，在充分试验研究的基础上制定安全管理制度、安全操作规程和教学内容，再对操作者和有关人员进行专业的教育和训练。经严格考试合格后，才允许进入现场操作。要考虑到"五新"作业的特点，注意训练工作班成员应急应变的安全知识和技能，以提高其在紧急危险情况下的防护和自救能力。

4.8 作业现场发生险情时

1. 风险

作业现场发生险情时，现场情况不明、危险点不清楚，处置人员安全技能不足，易扩大事故，造成人身、设备、电网事故。

2. 安全教育培训举措

（1）各单位要不断完善各类预案，加强日常安全教育培训和应急演练，强化处突力量建设，确保关键时刻能够"拉得出、用得上、控得住"，实现第一时间响应、最快速度出发、有序有效应对处置。

（2）各单位、班所长组织制定应急预案、现场处置方案演练计划，各单位针对本单位、班站所易发生的事故进行演练、反事故演习，通过事故发生、处置做好预演，提高员工处置能力。

（3）班站所负责人、安全员利用班组安全日活动，对典型事故进行剖析讨论学习，组织"小、快、精"的安全技能培训，针对近期工作、下一阶段工作需要的安全技能进行专题安全教育培训。

（4）作业现场发生险情时，专注于处置险情和事故，处置完后召开分析会，对应不同的事件级别由不同的专业管理人员、安全监督人员组织参加，对险情和事故进行评估、复盘，找出处置险情中存在人员技能、处置流程、处置过程、信息汇报等问题，制定措施逐项落实整改，并在后期的各单位、班组安全培训中重点开展培训。

4.9 员工碰到重大困难时

1. 风险

员工遇到思想、工作、生活、家庭中的重大困难时，身体、精神状况不佳，工作、操作时心理劳累、心情低沉、身体不适、精神恍惚，有时出现抑郁等症状，易发生伤害自己或者伤害他人的人身伤害事故。

2. 安全教育培训举措

（1）各单位支部书记、班所长要经常性开展谈心谈话，对员工遇到的困难进行帮助和心理疏导。

（2）员工应注意休息，保证良好的精神状态和体力。按照《安规》工作负责人职责"关注工作班成员身体状态和精神状态是否出现异常迹象，人员变动是否合适"，工作班成员状态不适合工作、注意力不集中时，班所长、工作负责人应询问、提醒，必要时更换合格的工作班成员。

（3）针对不同员工的心理特点，由班所长、安全员结合员工困难的实际解决情况，消除其思想上的余波，有的放矢地进行班组安全教育，如班组指定专门人员帮助其重温本工种安全操作规程，熟悉设备的性能，进行实际安全技能操作等；工作负责人在工作前、班前会进行安全思想和安全意识培训。

4.10　安全检查发现问题时

1. 风险

员工在安全检查时，将注意力都放在迎接检查上，提前几天或者提前一个月自查、补资料，打断了日常的巡视、工作；在面对上级单位安全检查发现问题时，容易出现意识不到位和畏难情绪，易造成重复性违章和事故。

2. 安全教育培训举措

（1）安全检查前，各单位安全专责利用班所安全日活动，监督班所做好迎检和安全生产各项工作安排，结合警示教育、案例等提醒员工加强迎检期间的安全生产工作。

（2）安全检查发现问题时，地市公司安全监督管理部门、县公司安全员针对安全检查发现的问题召开专题会议，多维度分析、讨论问题产生的原因，制定整改、提升措施。大力开展安全教育培训，不断提升安全管理水平和安全素质能力。

4.11 发生工伤事故时

1. 风险

员工发生工伤事故后，"一朝被蛇咬十年怕井绳"，产生畏难或者事故创伤后遗症等，处于无法工作的状态，易发生设备事故和人身事故。

2. 安全教育培训举措

（1）员工每年都要经过地市公司、县公司、班站所安全教育培训，《安规》普考、"三种人"、安全准入考试合格后上岗。

（2）发生工伤事故后，经过工伤治疗恢复工作，各单位党支部书记、班长、所长要进行谈心谈话，和员工共同查找造成工伤的原因，并在后期的工作中引以为戒。

（3）通过安全复训教育加以弥补，由各县公司、班站所安全员负责复训，复训教育主要内容是重新学习《安规》、工伤期间发生过的事故实例与教训，学习新修订的规章制度、操作规程和应急措施等，对工伤事件进行反思教育。

4.12 进行工作总结评比时

1. 风险

员工在进行总结评比时，人心思动，绩效较差的员工工作积极性降低，有可能认为没有受到公平对待，产生对着干的逆反心理，易发生设备事故。

2. 安全教育培训举措

（1）各级党支部书记、管理人员、班所长在总结评比、绩效公开、评先评优时，对绩效不佳的员工要进行谈心谈话、绩效面谈，了解情况、真诚沟通，允许员工进行绩效申诉，疏导员工的负面情绪。

（2）各级党支部书记、管理人员、班所长要帮助绩效落后员工查找落后原因，针对性地开展能力弱项提升培训。针对负面情绪较大的员工，要加强安全警示教育，不让员工带"病"上岗，从根本上为安全生产提供可靠保证。

✎ 安全贴士

贴士 15　安全提醒要具体

适用对象： 安全生产管理人员

对应培训主题： 安全意识、安全知识

在日常生活中，当朋友驾驶交通工具去远方的时候，我们会说："你要小心一点""你要注意一点"，最后会发现这种"小心一点""注意一点"的提醒，起不了多大作用，因为它是一个空洞的、没有具体内容的提醒。

我们不如这样提醒他："你开车不要超速""不要酒后驾驶"等，如果有人在高空作业，与其告诉他"小心一点""注意一点"，不如跟他说"一定要采取防坠落措施"，具体的安全提醒往往更有效。

贴士 16　开年复工怎样提高安全仪式感？

适用对象： 企业主要负责人、安全生产管理人员

对应培训主题： 安全知识、安全技能

开年复工怎样提高安全仪式感？有四种方法值得借鉴：

（1）组织召开全体员工安全会议。小企业可以统一组织召开，大企业可以分部门、分车间、分区域召开安全会议。

（2）组织员工进行安全宣誓或者安全签名活动，让员工主动做出安全承诺，重视安全生产规则。

（3）组织中、高层领导参加安全培训。通过培训强化安全生产责任意识，体现出"管业务必须管安全，管生产经营必须管安全"的安全管理理念。

（4）组织开展"过安全门"活动。在企业门口搭建一个小型的"拱门"，"拱门"上方写"安全门"三个字，迎接员工回到企业工作，复工第一天营造安全文化氛围，用仪式感引起全员对安全生产的重视。

贴士 17 怎样让员工遵守操作规程？

适用对象： 各类基层岗位

对应培训主题： 安全技能

对于企业管理者来说，员工不遵守安全操作规程怎么办？要想解决这类问题，可以从以下七个维度出发：

（1）不能直接简单去处理员工，而是要去反思这种不遵守操作规程的现象，是个别员工还是比较普遍的现象。

（2）员工不遵守操作规程，有可能是操作规程的问题，不一定都是员工的问题。在大多数企业里，安全操作规程都是由技术人员、工业人员、设备人员、生产管理人员单独编制或者共同编制出来的，而编制操作规程的人都不是自己去干这个活的人，所以在编制的过程中可能存在问题。从企业精益管理的角度出发，一线工人要参与到操作规程的编制。但是对部分企业来说这不太现实，因为一线工人的文化水平相对较低，让他们编制操作规程是一件很困难的事情。基于这种情况，企业的技术人员、管理人员要下沉到一线，观察员工的操作技巧，倾听一线作业员工的意见。

（3）部分员工不理解操作规程。很多时候员工对编制的操作规程和制度有一种抗拒情绪。因为自身不理解这些规程，更不会按照操作规程去做事情。这种情况需要企业相关部门组织员工进行操作规程的培训和训练。

（4）企业的操作规程应该是流程化、可视化的。这样做便于员工学习和执行。

（5）管理者要以身作则。如果管理者违反公司相关的安全制度，操作规程对于员工来说就缺乏约束力。在规则面前，领导者以身作则，率先垂范，一线员工才会遵守操作规程。

（6）要清楚负责执行操作规程的管理者是否重视员工的行为，不能仅仅是安全管理者在关注操作规程的事情。对于企业的操作规程，要做到直线部门属地化管理，要让每一个管理者对员工的行为负责。

（7）操作规程最重要的是标准化，不能因人而异。对同一件事情，应该是同一种做事的方式。按照标准化的规程去做事，可以让员工节省精力，避免耗费在具体的操作层面，而把精力和时间用在做流程优化、安全改造上，创造一个更安全的作业环境。

贴士 18　员工为什么绕过安全防护装置？

适用对象： 各类基层岗位

对应培训主题： 安全意识、安全技能

　　加装了安全防护装置，但是员工会绕过这些防护装置，甚至是故意破坏，为什么会出现这种情况呢？是时间紧张的问题，还是防护装置防碍操作？公司管理层要找出根本原因。其实，在很多企业里面是生产效率的因素。

　　有些企业员工的工资是计件制的，员工为了提高生产产量、多拿工资就会绕开这些安全防护装置。针对这种情况可以从三个方面来解决：①阻止员工绕开这些安全防护装置；②让员工绕不开这些防护装置；③让员工绕开这些防护装置的时候及时被发现。比如：不用防护罩就报警、利用物联网监控等。

贴士 19　动手之前先动脑，一停二看三思考

适用对象： 各类基层岗位

对应培训主题： 安全意识

　　一线员工的文化水平相对较低，安全培训员工听不懂怎么办？面对这种情况，公司管理者可以从三方面来考虑：

　　（1）培训人员基层化。以往企业的安全管理人员培训总是讲法规、讲制度、讲规程，内容枯燥乏味，员工容易产生抵触心理。可以尝试在一线员工里挑选出安全做得比较好、口才比较好的员工来主导培训，一线员工做的培训能让其他一线员工听得懂，相对来说更容易被接受。

　　（2）培训形式可视化。可以用图片、视频的形式把培训内容呈现出来。

　　（3）培训内容谚语化。所谓的谚语化，就是内容朗朗上口，一听就记得住，稍加解释就能理解，便于实际操作。比如有一家企业一线员工的手部伤害事故比较多，他们总结了这样一句话："动手之前先动脑，一停二看三思考"，字面意思就可以理解：要动手干活之前，先要动脑思考。怎么样动脑思考呢？"一停"，停下来动脑筋，"二看"，要去观察作业环境，观察自己所在的位置，"三思考"，思考干这个活有哪些危险？如何去避免这些危险？"动手之前先动脑，一停二看三思考"，谚语化的内容让员工更容易记住。

贴士 20　让员工想违章也违章不了才是好管理

适用对象： 企业主要负责人、安全生产管理人员

对应培训主题： 安全意识、安全知识

　　有家企业遇到这样的问题：有一些员工为了加快生产的进度，故意把防护装置拆掉，当基层管理人员准备处罚员工的时候，公司的一位高管说："我们的防护装置，能不能让员工想拆都拆不掉？"

　　后来这家企业就把防护装置做了调整，在螺丝外形和接口处做了改进。如果设备需要拆下维修的话，只有维修人员的专业器具才能打开，其他人是没办法把它拆下的。通过这样小小的改进，让员工想违章也违章不了。

贴士 21　难问题也有巧方法

适用对象： 安全生产管理人员

对应培训主题： 安全知识、安全技能

　　一家大型生产企业为了聚焦主体业务，就把环境绿化、卫生保洁等辅助性工作外包给一家物业公司运营。物业公司派遣到这家企业的员工大多是 40 岁以上的女性，她们的安全意识与纪律性跟这家生产企业的要求存在较大差距，即使这家企业多次组织她们进行安全教育培训，也达不到预期效果，反而是提高了她们的离职率。

　　就在一筹莫展之际，一位高管提议把原来负责管理女性员工的领导由男性换成女性。这位女性领导从上任后就与员工保持密切沟通，让她们明白安全的重要性，并且制定一些管理制度来表扬和激励优秀员工，通过树立榜样、以点带面的方法，很快形成了良好的安全氛围，达到了提升安全意识的目的，也降低了员工的离职率。

贴士 22　减少误操作

适用对象： 各类基层岗位

对应培训主题： 安全技能

　　有这样的一个现象：电梯上面的开关按钮和紧急按钮相距很近，乘客在使用电梯过程中很容易出现误碰紧急按钮，导致报警铃经常响起的情况发生，无意中加大了管理人员的工作量。物业公司很巧妙地解决了这个问题，他们在紧急按钮上方安装了一个滑动式的小盖板，当电梯里的乘客遇到紧急情况时，只需把盖板往旁边轻轻一推，就能正常按动紧急按钮，随后报警铃响起，就能联系到工作人员。自从在紧急按钮上方安装了小盖板以后，乘客误操作的情况接近为零，提高了管理人员的工作效率。

　　对于企业来说，减少误操作通常有两种做法：第一种是在生产现场贴警示的标语；第二种做法是进行语言的提醒。因为人的情绪会有波动，身体会出现疲劳状态……这些不确定因素会导致员工注意力不集中，存在较大的安全隐患。正确的做法是在设备上考虑如何减少误操作，才有可能从根本上解决问题。

贴士 23　安全管理的"破窗效应"

适用对象： 各类基层岗位

对应培训主题： 安全意识

　　如果一个房子的窗户破了，没有人及时去修补，不久其他的窗户也会莫名其妙地被人打破；如果一面墙出现一些涂鸦没有被清洗掉，墙上很快就会布满乱七八糟、不堪入目的东西；一个很干净的地方，人们不好意思丢垃圾，一旦地上有垃圾出现之后，人们会毫不犹豫地乱丢垃圾，丝毫不觉得羞愧。

　　在安全管理过程中，当发现员工"不安全行为"时置之不顾，就是在鼓励员工违章。

安全教育培训
伴行指引

安全教育培训实践伴行指引遵循人才培养"721"法则，充分发挥各级领导人员、管理人员、班组长、工作负责人等（以下简称各级带头人）的安全影响力、示范力、执行力，强化安全会议、安全活动、生产现场各环节安全教育培训融入、融合措施，全面落实"干中学、学中干"，确保各级人员 70% 岗位实践培训取得实效，主要将围绕安全教育培训伴行举措、安全教育培训伴行实践和安全教育培训伴行评价三个部分进行规定。

5.1　安全教育培训伴行举措

安全教育培训伴行举措主要依据有感领导的"七个带头"作为实行规定，主要包括：带头宣贯安全生产管理理念，带头学习和遵守安全生产规章制度，带头制定和实施个人安全行动计划，带头开展行为安全观察审查，带头讲授安全生产课程，带头识别危害、评价和控制安全生产风险，带头开展安全生产经验分享。

1. 带头宣贯安全生产理念

（1）目的：各级带头人在会议、培训、检查调研、安全活动等场合中带头进行安全生产理念宣贯，在各种生产要求中带头提出安全要求，在各种检查活动中带头查找安全隐患，以持之以恒的态度和行动，影响和改变员工的安全生产意识，培育形成良好的安全行为习惯，使安全生产理念覆盖得更全面、更到位，从而形成良好的安全文化氛围，使全员遵规守纪、合法合规地履行各项职责任务。

（2）内容：主要包括领导承诺、安全目标、安全生产政策和形势、安全文化（包括电网企业安全文化的内容与内涵，电网企业安全文化建立建设系统性思维和方法）、安全发展理念（包括国家、国家电网公司安全发展理念及践行路径、方法）以及国家电网公司的安全生产方针、各电网企业安全生产管理原则和反违章禁令、本地区安全管控相关的法律法规与制度政策等。

（3）要求：各级带头人根据不同场合，包括会议、培训、检查调研、安全活动等场合，结合各自岗位特性实施有针对性地安全生产理念宣贯与培训。

2. 带头学习安全生产规章制度

（1）目的：各级带头人需要熟悉并掌握与履行岗位职责相关的安全生产法律法规、

标准制度和操作规程，具备岗位安全生产与管理的履职能力，通过不断地带头学习与践行，系统地提升安全生产管理意识与岗位胜任能力，从而有效地带领团队开展安全生产管理工作。

（2）内容：各级领导人员以安全生产法律法规、安全生产理念、战略方针为主，掌握国家电网安全生产方针政策、电网企业安全生产发展战略，理解安全生产的战略目标以及安全责任清单、安全管理知识和公共安全知识等，把握安全生产发展方向，提升安全生产管理的领导能力；各级管理人员以各级单位安全生产标准、安全生产规章制度、工艺技术标准、安全责任清单、安全管理知识、公共安全知识、安全生产管理工具和方法为主，明确管理职责，熟悉管理流程，掌握管理标准，熟练运用安全生产管理工具和方法，具备对分管业务范围内的风险管控能力；班组长和工作负责人以安全责任清单、安全管理知识、公共安全知识、生产工艺技术标准、设备操作规程、属地管理要求、应急预案、风险控制工具等为主，掌握标准规程，熟悉属地管理，具备应急处置和风险防控能力。

（3）要求：通过培训、自学、调研、安全生产专题会、事故事件调查、安全生产审核以及撰写论文等方式进行学习，各级带头人按照培训需求规定课程和课时参加安全生产培训，主动自学与岗位相关的安全生产知识和管理技能。

3. 带头制定和实施个人安全行动计划

（1）目的：各级带头人根据本单位（部门）年度安全管理目标的要求，结合对应的岗位职责、工作要求、分管业务、安全生产责任书，安全生产目标，编写形成个人安全行动计划，遵循"PDCA"闭环管理原则，进行层层管理，每月定期向直线上级汇报个人安全行动计划的执行情况，直线上级对直线下级定期进行督促、检查和考核，通过个人安全行动计划的有效实施，为各项安全管理目标的高效完成提供保障。

（2）内容：个人安全行动计划内容原则上列 6~12 项，应体现各级带头人在安全管理工作方面的主动性、带头性，各级领导人员要将生产经营活动、有感领导要求、安全生产责任书内容融入个人安全行动计划中，各级管理人员要将管理活动、直线管理要求、安全生产责任书内容融入个人安全行动计划中，班组长和工作负责人要将日常生产活动、属地管理要求、安全生产责任书内容融入个人安全行动计划中，除此之外还可以从以下五个方面进行描述：

1）组织或参与主（分）管部门业务范围内的年度安全工作计划的制定；

2）组织或参与本单位的安全活动，如参加各类安全会议、安全检查、安全宣贯、工作安全分析、隐患治理等；

3）组织编制主（分）管部门业务范围内的安全培训课件，制订培训计划，对直线下级进行培训授课；

4）会议前带头开展安全经验分享，强调安全注意事项；

5）定期实施行为安全观察审查。

（3）**要求：**原则上各级带头人每年编制一次，半年审查一次，由直线上级对所辖各级带头人制定的个人年度安全行动计划落实与完成情况进行阶段性盘点、审查。具体实施流程如下：

1）各级带头人每年一月份制定《年度个人安全行动计划》（见表5-1），与本年度岗位安全责任书一并提交直线上级进行面谈沟通，在直线上级审核同意并签字后，将原件扫描发布在企业网页上或在单位内部公共平台上进行公示。

2）各级带头人如遇到个人工作岗位调整，原行动计划内容不再适用时，应在岗位调整一个月内，重新制定年度个人安全行动计划，并与直线上级进行面谈沟通，在直线上级审核同意并签字后，将原件扫描发布在企业网页上或在单位内部公共平台上进行公示。

3）各级带头人要按照制定的个人安全行动计划认真落实和实施具体工作内容，及时做好记录。

4）根据行动计划制定审查时间，由直线上级根据个人安全行动计划内容进行审查，针对存在的不足及问题，提出改进建议与措施，形成审查结论，并保留归档。

5）审查结果将作为各级带头人"安全履职能力评估"和"有感领导实施考核"的考评依据。

表5-1　年度个人安全行动计划

编写人：　　　　　　单位：　　　　　　职务：

序号	行动内容	频次	1月	2月	3月	4月	5月	6月	7月	8月	9月	10月	11月	12月

计划审核	审核意见： 直线上级签字：　　年　　月　　日
计划考核	1. 共＿项，完成＿项，完成率＿％ 2. 未完成＿项，未完成原因： 3. 改进建议： 直线上级签字：　　年　　月　　日

4. 带头开展行为安全观察审查

（1）目的：各级带头人按属地管理原则定期对现场员工的作业行为和作业环境状况进行观察，以确认有关任务是否在安全地执行，并及时与被观察人员进行交流，强化被观察人员安全的行为、纠正不安全行为，及时审查发现并加以整改，为安全生产提供根本保障。

（2）内容：各级带头人需要定期深入联系单位，运用安全观察与沟通方法开展行为安全审核，及时填写《行为安全观察审查卡》（见表5-2）；在日常安全管理检查和调研工作中，各级领导也应开展安全观察与沟通活动。具体内容规定如下：

A类：员工的反应。员工在看到所在区域内有观察者时，是否改变自己的行为（从不安全到安全）。员工在被观察时，有时会做出反应，如改变身体姿势、调整个人防护装备、改用正确工具、抓住扶手、系上安全带等。这些反应通常表明员工知道正确的作业方法，只是由于某种原因没有采用。

B类：个人防护装备。员工使用的个人防护装备是否合适，是否正确使用，个人防护装备是否处于良好状态。

C类：员工的位置和姿势。员工身体的位置和姿势是否有利于减少伤害发生的概率。

D类：工具和设备。员工使用的工具是否合适、是否正确，工具是否处于良好状态，非标工具是否获得批准。

E类：作业程序和工作环境标准。是否有操作程序，员工是否理解并遵守操作程序；办公室和作业环境是否符合人体工效学原则；作业场所是否整洁有序。

（3）要求：各级带头人根据到岗到位的制度规定，实行常态化的安全审查，并遵循以下步骤开展审查工作：

第一步：观察。现场观察员工的行为，决定如何接近员工，并安全地阻止不安全行为。

第二步：表扬。对员工的安全行为进行表扬。

第三步：讨论。与员工讨论观察到的不安全行为、状态及可能产生的后果，鼓励员工讨论更为安全的工作方式。

第四步：沟通。就如何安全地工作与员工取得一致意见，并取得员工的承诺。

第五步：启发。引导员工讨论工作地点的其他安全问题。

第六步：感谢。对员工的配合表示感谢。

表 5-2　行为安全观察审查卡

A 类：人员的反应：30秒内观察到的不正常的反应	B 类：个人防护装备：未使用或未正确使用	C 类：员工的位置和姿势，可能导致	D 类：工具和设备：	E 类：作业程序和工作环境标准：	可能引起死亡事故的不安全行为总数＿＿＿
□调整个人防护装备 □改变原来的位置 □重新安排工作 □停止工作 □接上地线或上锁挂签 □收起、不使用或改变正在使用的工具、设备	□头部 □眼睛和面部 □耳朵 □双手和双臂 □双脚和双腿 □呼吸系统 □躯干 □高空防坠落 □座位安全带	□被物体撞到 □被物体击中 □被物体夹到 □绊倒、滑倒 □高处坠落 □接触极高温或极低温（物体） □触电 □接触、吸入或吞食有害物质 □接触转动设备 □过度用力 □别扭的姿势	□不适合该作业 □未正确使用 □工具和设备本身不安全	□不可获取 □不适当 □员工不知道或不理解 □没有遵照执行 □没有特种作业许可证 □动火、有限空间等高危作业安全措施不够 □工作环境卫生不合格 □安全警示标志不规范 □安全和职业卫生防护、检测设施不符合标准 □消防设施不符合标准或维护不善 □作业环境不达标 □员工对工作环境标准和风险不知晓	可能引起重伤事故的不安全行为总数＿＿＿ 现场采取的整改措施：＿＿＿＿＿＿＿＿＿＿＿＿＿＿＿＿＿＿＿＿＿＿＿

审核人：	日期：	区域：

具体观察发现的内容：	采取的整改措施（现场）/期限：

类别： □A 类：人员的反应 □B 类：个人防护装备 □C 类：人员的位置和姿势 □D 类：工具和设备 □E 类：作业程序或工作环境标准	等级： □安全 □不安全	被审核区域人员反馈建议：

5. 带头讲授安全生产课程

（1）目的： 各级带头人要针对本单位（部门）安全管理的重点部位、关键环节或存在的主要问题，亲自编制多媒体课件、亲自授课，向所属员工宣贯先进的安全生产管理理念，宣传安全生产管理知识，传授先进的安全生产管理方法，带头履行安全管理职责，引领组织执行各项安全管理规定，影响员工树立安全意识，掌握各项安全技能，兑现领导安全承诺。

（2）内容：对各级领导人员，重点讲解安全生产管理发展方向、思路和规划等，着重引领各级管理人员转变理念，认清形势，把握方向；对各级管理人员，重点讲解安全生产相关法律法规、制度标准和工具方法，着重引领班组长和工作负责人依法治企、规范管理、严格流程、控制风险；对班组长和工作负责人，重点讲解工艺技术标准、操作规程、属地管理要求、风险控制工具、应急预案等，着重提高岗位员工技术素质、操作技能、属地管理能力、风险控制能力和应急能力。

（3）要求： 各级领导人员根据不同层级不同岗位特性，结合公司安全培训课程要求开展针对性的培训。

6. 带头识别危害、评价和控制安全生产风险

（1）目的： 各级带头人带头在检查、调研、审核、会议等场合对所辖范围内的所有生产作业活动和设备设施、作业环境等进行全面、系统地风险辨识、评价和定级，对确定的重大风险，制定消除、削减或控制措施，加强过程控制，确保生产作业活动全面受控。

（2）内容： 主要包括各场合中存在的动态风险和静态风险。

1）动态风险识别：对照制度标准，对现场安全生产风险进行识别，主要包括安全检查、调研、审核、工作安全分析等方式，适用于各级领导。

2）静态风险识别：针对设备设施、工作区域等运用故障假设、检查表等专业分析工具进行识别，适用于管理人员、班组长和工作负责人。

（3）要求： 各级带头人在安全生产各场合，及时识别安全生产风险，评价安全生产风险严重程度，制定防控或整治措施，落实整治资源，跟踪验证销项。

7. 带头开展安全生产经验分享活动

（1）目的：各级带头人采用口述、书面、多媒体等多种形式，带头进行经验分享，将

本人亲身经历或看到、听到的有关安全、环境和健康方面的经验做法或事故、事件、不安全行为、不安全状态等总结出来，通过介绍和讲解在一定范围内使事故教训得到分享、典型经验得到推广与传播。

（2）内容：安全行为、不安全行为（含事故隐患）、事故事件。

（3）要求：各级带头人带头分享，分享时间不超过 5 分钟；分享人为主持人、指定人员、或申请分享的其他人员；分享形式根据实际情况，采取口头讲述、结合文字材料讲述、结合图片讲述、结合影像资料讲述等方式进行；分享事例需要讲清，经验教训或防范措施需要讲明。

5.2 安全教育培训伴行实践

安全教育培训伴行实践将根据有感领导的"七个带头"规定，结合各级带头人在安全会议、安全活动、生产现场各环节中担当安全人责任的定位，明确在如何融入、融合有感领导规定，更好地提升安全影响力、示范力、执行力。

1. 安全生产会议实践

安全生产会议与有感领导举措的对应关系如图 5-1 所示，主要体现于提升安全影响力和示范力。各类安全会议具体管理措施参照伴行实践一："安全生产会议"伴行实践。

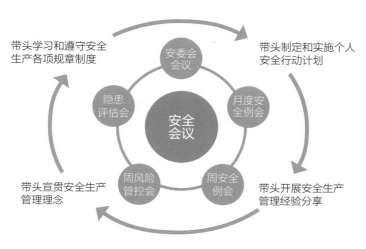

图 5-1　安全生产会议与有感领导举措对应关系

伴行实践一："安全生产会议"伴行实践

各级带头人在安全生产会议中应主动、积极践行有感领导，让参会成员看到、听到、感受到各级带头人对安全工作的重视，得到参会成员的认可，形成全员自觉执行的安全行为文化和习惯，具体实施步骤如图 5-2 所示。

图 5-2 "安全生产会议"伴行实践实施步骤

步骤一：会议主题介绍

（1）参与人员：会议主持人主持会议，全员参与。

（2）会议要点：通报本月安全事件、违章事件、安全通报、近期下发的安全文件、下阶段需要完成的工作，安全事件的预防及解决方案探讨，个人安全行动计划执行情况检查等。

（3）会议要求：认真听取，记录要点，充分表达。

步骤二：会议内容讨论

（1）发言人员：全员参与，保障不低于 60% 的会议成员发言。

（2）发言内容：针对会议主题需要讨论的主要内容进行讨论、发言。

（3）发言要求：踊跃、真实具体、不说空话。

步骤三：安全知识学习

（1）学习目标：带头观看与会议主题相关的安全事故案例，通过安全事故案例的学习，了解安全事故发生的原因、预防措施及处置方案，树立安全风险防范与管理的安全意识和理念；带头学习、掌握与履行岗位职责相关的安全管理、安全生产法律法规、标准制度和安全操作规程，带头学习最新安全精神、最新安全文件、安全通报事件等，促使参会成员掌握最新安全动态、形势，具备岗位安全履职能力。

（2）学习内容：带头学习与会议主题相关的最新安全精神、最新安全文件、安全通报事件。

（3）学习方式：将会议内容制作简单的 PPT、短视频、小动画并结合具体的场景、案例等形式。

步骤四：会议总结与分享

（1）主要规则：带头建立安全经验总结与分享机制，即在安全生产例会即将结束环节，带头开展常态化安全经验、安全事例分享。

（2）主要内容：总结内容包括本月工作内容、工作进度，进行工作完成情况分析、成绩成效或经验教训总结，通报上阶段绩效考核情况及个人安全行动计划执行情况检查等；分享内容可以是亲身经历的或各种正规渠道收集来的安全行为、不安全行为（含事故隐患）、习惯性违章、安全事故事件等，分享内容应包含事例事件的风险点、危害性、经验教训、警示意义、防范措施等，分享的经验或事例需要讲清，经验教训或防范措施需要讲明。

（3）主要方式：可综合利用口头讲述、结合文字材料或图片讲述、PPT演示、动画或视频影像资料展示等形式进行安全经验分享，让分享"有料、有趣、有用"。

步骤五：制定安全行动计划

（1）工作机制：建立以每月为单位，将安全行动计划落到每月生产工作中，形成《月度安全行动计划》。

（2）制定方法：督促全员并带头制定月度个人安全行动计划，整合形成每月安全行动计划并融入对应的工作计划当中，让安全工作成为常态化工作内容之一，督促全员并带头实施安全行动计划，保障月度安全生产作业目标的达成。

（3）计划内容：安全行动计划应充分结合各部门或班组分工、岗位职责、工作要求、安全责任书、安全生产目标指标等因素，将日常生产活动、属地管理要求、安全责任书内容等融入安全行动计划中。

步骤六：安全会议记录归档

（1）记录人员：参会成员轮流记录，或由会议主持人指定记录人员。

（2）记录内容：按照《安全生产会议记录》模板要求编制。

（3）记录要求：安全生产会议记录要求规范、真实、详尽，并上传、存档。

2. 安全活动实践

安全活动与有感领导举措的对应关系如图5-3所示，主要体现提升安全影响力和示范力。各类安全活动具体管理措施参见伴行实践二："安全活动组织"伴行实践。

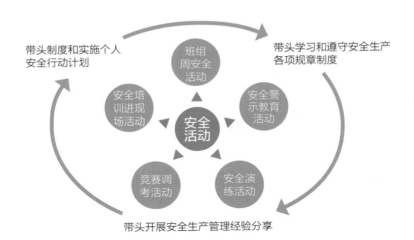

图 5-3　安全活动与有感领导举措对应关系

伴行实践二："安全活动组织"伴行实践

　　各级带头人在组织安全活动中应主动、积极践行有感领导，让参与成员看到、听到、感受到各级带头人对安全工作的重视，得到参与成员的认可，形成全员自觉执行的安全行为文化和习惯，具体实施步骤如图 5-4 所示。

图 5-4　"安全活动组织"伴行实施步骤

　　步骤一：通报安全形势

　　（1）通报人员：一般由班长通报，班长无法参与活动时由本班组技术员（安全员）通报。

　　（2）通报内容：通报上周本单位、中心及班组的安全事件、违章事件等。

　　（3）通报要求：真实、准确、具体。

　　步骤二：开展安全学习

　　（1）学习目标：在班组周安全活动上，带头学习、掌握与履行岗位职责相关的安全管理、安全生产法律法规、标准制度和安全操作规程，带头学习最新安全精神、最新安全文件、安全通报事件等，促使班组全员掌握最新安全动态、形势，具备岗位安全履职能力。

（2）学习内容：除带头学习最新安全精神、安全文件、安全事件通报等每周固定内容之外，需每周"带头讲10分钟《安规》"，每周选择3~5条《安规》中与专业相关的条款进行拆解、详解、精讲，日积月累，促使班组成员精通本专业相关《安规》。

（3）学习方式：将学习内容制作成PPT、短视频、小动画并结合具体的场景、案例等形式。

步骤三：进行讨论发言

（1）发言人员：全员参与，保障不低于60%的班组成员发言。

（2）发言内容：针对安全学习内容进行讨论、发言。

（3）发言要求：踊跃、真实具体、不说空话。

步骤四：经验分享与总结

（1）分享机制：带头建立班组周安全活动"115"安全经验分享机制，即在班组周安全活动的学习讨论发言环节，带头开展每周1次、每次1个、每个5分钟的常态化安全经验、安全事例分享。

（2）分享内容：主要包括亲身经历的或各种正规渠道收集来的安全行为、不安全行为（含事故隐患）、习惯性违章、安全事故事件等，分享内容应包含事例事件的风险点、危害性、经验教训、警示意义、防范措施等，分享的经验或事例需要讲清，经验教训或防范措施需要讲明。

（3）分享方式：可综合利用口头讲述、结合文字材料讲述、结合图片讲述、PPT演示、动画或视频影像资料展示等形式进行安全经验分享，让分享"有料、有趣、有用"。

步骤五：制定安全行动计划

（1）工作机制：以周为单位，将安全行动计划落到班组每周生产工作中，形成《班组周安全行动计划》

（2）制定方法：督促班组全员并带头制定个人安全行动计划，整合形成班组周安全行动计划并融入班组每周的工作计划当中，让安全工作成为班组常态化工作内容之一，督促班组全员并带头实施安全行动计划，保障班组安全生产作业目标的达成。

（3）计划内容：安全行动计划应充分结合班组分工、岗位职责、工作要求、安全责任书、安全生产目标指标等因素，将日常生产活动、属地管理要求、安全责任书内容等融入安全行动计划中。

3. 生产现场实践

生产现场培训与有感领导举措对应关系如图 5-5 所示，主要体现提升安全示范力和执行力。生产现场培训各环节教育培训的具体管理措施参见伴行实践三："如何开展班前班后会？"伴行实践。

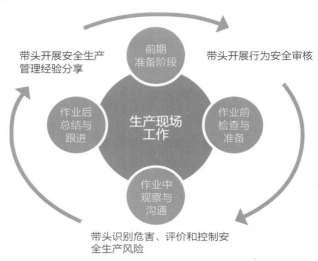

带头开展安全生产管理经验分享

带头开展行为安全审核

带头识别危害、评价和控制安全生产风险

图 5-5　生产现场培训与有感领导举措对应关系

伴行实践三："如何开展班前班后会？"伴行实践

各级带头人在生产现场培训中应主动、积极践行有感领导，让参会成员看到、听到、感受到各级带头人对安全工作的重视，得到参会成员的认可，形成全员自觉执行的安全行为文化和习惯，具体实施步骤如图 5-6 所示。

图 5-6　"如何开展班前班后会？"伴行实践实施步骤

步骤一：班前准备工作

（1）资料准备：准备作业资料（包括作业指导书、安全工作票、月度检测手册），作业人员安全培训。

（2）工具检查：安全工器具、仪表仪器等的准备与检查，进行安全交底，开工作票。

（3）营造气氛：通过班前会的组织提升集体感，提高作业人员遵守现场规定的意识和个人安全意识。

（4）任务分配：当班主要工作任务分配及注意事项说明。

步骤二：识别安全风险

（1）基本要求：对在生产现场作业过程中可能产生的各项与生产安全相关的作业危害进行识别、处置与预防，并针对识别的危害与风险及时、准确、有效地传递给各生产相关人员，并作出对应处置与预防工作。

（2）识别方法。

1）动态危害与风险识别：对照制度标准，对现场安全生产危害与风险进行识别，主要包括安全检查、调研、审核、工作安全分析等方式，适用于各级领导。

2）静态危害与风险识别：针对设备设施、工作区域等运用故障假设、检查表等专业分析工具进行识别，适用于管理人员、班组长和工作负责人。

（3）采取行动：识别安全生产危害与风险，评价安全生产危害与风险严重程度，制定防控或整治措施，落实整治资源，跟踪验证销项。

步骤三：作业观察与审查

（1）作业观察：按照作业指导书中的规定开展生产作业，根据不同生产活动的安全职责要求，运用安全观察与沟通方法开展行为安全审核，及时填写《行为安全观察审查卡》（见表6-2）。

（2）安全审查。

1）审查内容：根据不同生产活动的安全职责要求，运用安全观察与沟通方法开展行为安全审核，及时填写《行为安全观察审查卡》；在日常安全管理检查和调研工作中，各级领导也应开展安全观察与沟通活动。

2）跟踪销项：将安全观察与沟通发现的违章行为和事故隐患录入企业生产安全预警系统，督促违章行为和事故隐患整治，及时验证销项。

步骤四：班后总结与分享

（1）组织班后会：总结当天工作、安排下一天工作、文本资料整理归档、工器具和仪表仪器检查整理、系统数据统计录入等工作。

（2）总结与分享。

1）分享机制：在班后会中，带头开展常态化安全经验、安全事例分享，形成"人人分享机制"。

2）分享内容：班员亲身经历的或各种正规渠道收集来的安全行为、不安全行为（含事故隐患）、习惯性违章、安全事故事件等，分享内容应包含事例事件的风险点、危害性、经验教训、警示意义、防范措施等，分享的经验或事例需要讲清，经验教训或防范措施需要讲明。

3）分享方式：可综合利用口头讲述和文字材料讲述等形式进行安全经验分享，让分享"有料、有趣、有用"。

✎ 安全贴士

贴士 24　安全活动要接地气，要能共情

适用对象： 企业主要负责人、安全生产管理人员

对应培训主题： 安全知识、安全技能

有一家企业在做安全宣传的时候，工地入口处挂着一张图片，画面内容是：一个人从高空坠落下来，"家"字就被砸得四分五裂，给人非常强烈的视觉冲击感。看到图片的员工，在心里默默警示自己：这样的事情千万不能发生在自己身上……

这张图片特别有寓意，也能够产生"共情"，自此以后安全事故就很少发生了。真正的企业安全文化氛围，不是那些不接地气、挂在哪里都正确的安全标语，而是一线工人心声的一种反映。

贴士 25　企业负责人要带头讲安全课

适用对象： 企业主要负责人

对应培训主题： 安全知识、安全技能

有一句关于安全生产的俗语："安全生产老大难，老大重视就不难"，如果企业的主要负责人对安全生产不重视，不给予相应资源支持，不进行安全生产投入，不制定安全管理制度，即使有很专业的安全管理人员，也很难推行规范的安全生产制度。

推行规范的安全生产制度，最有效的方法是从上到下重视安全生产。企业负责人要定期向中高层讲授关于安全公开课，因为对于企业来说，重视安全生产，要么从最高层开始，要么就无法开始。

贴士 26 怎样发挥安全领导力

适用对象：企业主要负责人、安全生产管理人员

对应培训主题：安全知识、安全技能

怎样才能发挥管理者的安全领导力呢？在一家企业的安全课堂上，培训老师对一线员工做了一个安全调查，最终得到一线员工的 2 个共识：①没有人说要加大检查、加大考核，最重要的一条是管理人员在安全方面要以身作则；②管理人员要主动去发现一线员工在安全管理上的亮点，多表彰和奖励，还要拿出资源真正地重视安全。

贴士 27 10 分钟怎样讲好安全工作汇报

适用对象：安全生产管理人员

对应培训主题：安全知识、安全技能

10 分钟的时间如何来做好半年度的安全管理工作汇报？有 4 个要点：

（1）逻辑清晰。比如：10 分钟汇报主要就这三件事，第一，讲做了哪些工作？第二，这些工作有哪些亮点以及存在哪些问题？第三，讲下一步行动计划。

（2）可视化。讲到相关工作的时候一定要有图片，要很新颖，能够抓取人的注意力，比如讲到某个改善案例的时候，可以用改善之前和改善之后的对比照片。

（3）有数据。清晰的数据会让人一目了然，让大家有工作务实的印象。

（4）讲故事。讲一个让人产生共鸣的故事，最好是故事的结尾对于内容进行升华，令人回味。

贴士 28 安全月里的"安全护照"

适用对象：安全生产管理人员

对应培训主题：安全知识

一家公司在安全生产月举办一系列安全打卡活动，给每位员工设计了一个小册子，首页贴上员工的照片，后面印刷需要学习的安全知识，取名叫"安全护照"。员工每掌握一个安全知识要领，对应项目的考核负责人就在他"安全护照"上盖章，以表示考核通过。

例如员工参加灭火器的使用规范培训，只要员工使用正确的方法，考核人员就在"安全护照"上盖一个章，证明这个员工掌握了灭火器的正确使用方法；在介绍危险化学品的相关知识时，可以运用试卷出题的方式对员工进行考核，通过考核就在"安全护照"上盖章。定期对员工的"安全护照"开展评比活动，谁盖的章最多，谁就能获得更多的奖励。员工通过学习安全知识获得奖品，企业通过安全培训防范事故的发生。

贴士 29　从企业层面谈，怎样做好班前会

适用对象：安全生产管理人员

对应培训主题：安全知识

如何开好班组的班前会？有以下 4 种方法：

（1）班前会一定要有流程和标准。没有流程和标准，班组长不知道什么是好的班前会，也不知道如何去召开班前会。

（2）领导要定期检查班前会。工区主任或部门的主管领导要关注班组的班前会，比如可以采取不定期参与、随机抽查的方式。只有领导定期检查，班组长才会重视班前会。

（3）安全部门要量化考核班前会。安全部门要制定可量化的标准，定期考核班前会。把考核得分及时进行排名公示，让主管领导、班组长都能看到公示的排名。

（4）定期组织班前会技能比赛。公司通过定期组织班前会技能比赛，让员工真正重视班前会，让班前会持续保持一个较高的水准。

贴士 30　一图胜千言

适用对象：安全生产管理人员

对应培训主题：安全意识

有一张宣传交通安全的图片，画面是这样的：三辆车都发生了交通事故，车头撞在了同样的一根石柱上。当汽车时速为 50 千米 / 小时的时候，石柱完好无损，汽车的车头约有 1/3 受损，驾驶空间良好，车内人员安全；当汽车时速为 70 千米 / 小时的时候，石柱完好无损，汽车的车头全部受损，驾驶空间压缩，车内人员受伤；

当汽车时速为 90 千米 / 小时的时候，石柱受损，汽车的车头全部受损，驾驶空间全部压缩，车内人员死亡；当汽车时速为 180 千米 / 小时的时候，石柱已被撞飞，现场什么都没有剩下……

这张图片虽然没有华丽的文字，却有震撼人心的效果，给人留下深刻印象。好的宣传不需要太多的文字，一图胜千言。好的图片能够配上恰当的文字，能达到锦上添花的效果。

贴士 31　师傅与徒弟的故事

适用对象： 安全生产管理人员

对应培训主题： 安全意识、安全知识

一家集团公司聘请管理专家指导公司旗下 A、B 两家工厂的管理工作，专家在做调研的时候发现：A 工厂的现场管理水平明显高于 B 工厂。于是就跟 B 工厂的领导传授 A 工厂的先进管理经验。B 工厂的领导听完哈哈大笑，说："那家工厂的做法都是从我们这里学过去的，只是我们觉得这些经验没有用，就没有再延续下去了。"管理专家听完沉默了一会儿，再缓缓地说："徒弟现在做得很好，师傅现在做得不好，为什么不去思考这个问题呢？"

其实，不管谁是徒弟谁是师傅，都应该虚心学习别人的优点。

贴士 32　海恩法则

适用对象： 安全生产管理人员

对应培训主题： 安全意识

德国飞机涡轮机的发明者帕布斯·海恩提出一个关于飞行安全的法则：每一起严重事故的背后，必然有 29 次轻微事故，300 起未遂先兆，1000 起事故隐患——这个结论被称为海恩法则。海恩法则对企业来是一种警示，它说明任何一起事故都是有原因的，并且是有征兆的；也同时说明安全生产是可以控制的，安全事故是可以避免的。

贴士 33　带有行为引导的标语更有用

适用对象： 安全生产管理人员

对应培训主题： 安全意识

　　某工厂维修车间角落因工作需要放着一把梯子，用时就将梯子支上，不用时就移到旁边。为防止梯子倒下砸伤人，工作人员特地在梯子上写一个小条幅：请留神梯子，注意安全。虽然写了条幅，梯子倒下砸到人的情况时有发生。有一个安全生产专家来集团考察，他建议把条幅换一下，内容改成：不用时请将梯子放倒。自此以后梯子砸到人的事情再也没有发生过。

　　前者仅仅是提醒注意，而后者却是完全排除潜在的危险，改成行为引导。每个安全事故都是由许多隐患孕育衍生而来，要消除事故，就要着力排查、消除所有事故隐患，在关键的位置写上带有行为引导的标语，从而实现本质安全的终极目标。

贴士 34　安全生产是谁的责任

适用对象： 安全生产管理人员

对应培训主题： 安全意识

　　有人中了箭，请外科医生治疗，外科医生将箭杆锯下来就结束治疗了。病人问为什么不把箭头取出，他说："那是内科的事，你去找内科好了"。很多员工认为安全工作这只是生产部门的事，各吹各的号、各抬各的轿，很难形成联动风控机制。

　　实际上安全生产事故防范工作是一项经常性、综合性工作，每个员工都有责任，不是哪个主管部门唱"独角戏"就能做好的，必须转变思想观念和工作作风，形成齐抓共管的势头，才能做好安全生产的管理工作。

贴士 35　与其不断强调规范，不如赞美安全行为

适用对象： 安全生产管理人员

对应培训主题： 安全意识

　　安全专家到一家大型生产制造企业考察工作，看到生产车间门口有一块"安全红黑榜"，红榜表示嘉奖，黑榜表示惩罚。令他奇怪的是在这块"安全红黑榜"上，红

榜里面空空如也，黑榜里面记录着好几个被罚款的员工。安全专家询问陪同的人员："这段时间工厂的作业员工，一个好的行为都没有吗？"陪同人员一时语塞，不知如何回复。

专家接着说："惩罚员工的效果非常有限，还会形成压抑的氛围、降低公司的生产效益。与其强调规范，不如赞美安全行为。"此后"安全红榜"里的名单渐渐多了起来，大家都以自己的名字被写在"安全红榜"上为荣，员工不规范的生产行为越来越少。

贴士 36　安全叮嘱打卡

适用对象： 安全生产管理人员

对应培训主题： 安全意识

"世界上有一种情最伟大，就算斗转星移，海枯石烂也不动摇，这便是亲情。幸福的家源于安全的你，你可知道，你的安危时刻牵动着全家人的心……"这是比亚迪公司在安全生产月写的宣传文案，活动主题叫"安全叮嘱打卡"。比亚迪公司在安全生产月制作了一个蓝色的"安全叮嘱打卡"背景墙，并为活动准备了精美的礼品。

员工在背景墙拍照，配上关于安全的句子发到朋友圈，积满 28 个赞将获得礼品一份。在活动打卡的背景墙前方，现场设置了自动体外除颤器（AED），安排专业的工作人员进行培训，让员工现场学习 AED 急救使用方法，了解注意事项。这场"安全叮嘱打卡"活动调动了大家的积极性，强化了员工的安全意识，同时也为比亚迪公司带来了极大的关注流量。

贴士 37　班组长写的百字安全守则

适用对象： 安全生产管理人员

对应培训主题： 安全意识、安全知识

有一家企业的班组长，把他们的安全履职内容用顺口溜的形式编写出来。这段安全履职顺口溜语句对仗工整，读起来朗朗上口，文字加在一起恰好是 100 字，非常有创意。据这位班组长说，百字守则顺口溜不是他一个人想出来的，而是群体智慧的结晶，经过多次调整修改后才确定下来。企业应该多鼓励员工去做有意义、有挑战的事情。

贴士 38　安全贺卡

适用对象：安全生产管理人员

对应培训主题：安全意识、安全知识

有一家公司这样鼓励员工：在一年内没有违章的员工，总经理会亲自写一张新年贺卡，表达对这位员工的认可。新年贺卡由员工过年的时候带回家，跟家人一起分享这份喜悦。

员工的家属看到这份贺卡就知道自己的家人在公司得到了肯定，同样也会有荣誉感。家属就会提醒他在工作中要再接再厉，不辜负公司领导的信任。一张贺卡花不了多少钱，但是起到连接企业与员工家庭的作用。有了家人的支持和公司的鼓励，员工做事情的积极性更高了。

贴士 39　提示的力量

适用对象：安全生产管理人员

对应培训主题：安全意识、安全知识

相关机构做了一个统计，没有正确佩戴劳动防护用品是员工违章最多的地方。面对这种情况，一家企业设计了一个投影灯，图文并茂地投射在地上，提醒工人进入生产现场，要正确佩戴劳动防护用品。在《福格行为模型》一书中说，一个人的行为和动机、提示、能力有关系。人的动机是不稳定的，能力是相对稳定的，之所以人没有做出某种行为，大多数情况是在当时缺少提示。对于提示来说，声光一体的提醒效果是最好的。

贴士 40　解决员工遗忘的问题

适用对象：安全生产管理人员

对应培训主题：安全知识、安全技能

有一家企业，在进入生产区域需要佩戴耳塞的场所周边墙上都放置了耳塞的盒子，工人可以随时取戴，盒子上面还有一个二维码，微信扫一下二维码，就会出现正确佩戴防护耳塞的教程。这家企业还有一个更贴心的做法，给每位员工发放一个装着耳塞的小盒子，这个小盒子可以挂在工作服上，以便随时取戴。

贴士 41　安全检查是否就是"发通知、等结果"

适用对象：安全生产管理人员

对应培训主题：安全意识、安全知识

　　安监部门到企业开展安全检查，或者是遇到客户要去工厂生产现场参观的情况，安全主任如何组织安全活动？有一家工厂的安全主任是这么做的：发通知，等结果。把安全检查通知发出去，安排相应的安全员或者车间主管进行检查。检查通知发出去以后就当成工作结束，把发通知当成最后的结果，安全主任的这种做法是不负责任的。

　　发出安全检查的通知指令不是结果，安排相关人员检查工作也不是结果。通过此次的安全检查，排查安全隐患，发现安全问题，进行讨论分析，制定措施对策，进行有效改进才是结果。

贴士 42　习惯性违章的危害

适用对象：安全生产管理人员

对应培训主题：安全意识、安全知识

　　一个小和尚出家后，由一个老和尚教他剃头的本领。老和尚先让他在冬瓜上练习，小和尚每次练习完剃头后，将剃刀随手插在冬瓜上。后来在给老和尚剃头时，也将剃刀随手插在头上……

　　习惯性的坏行为危害很大，美国学者海因星曾经对 55 万起各种工伤事故进行过分析，发现其中 80％是由于习惯性违章所致。在实际工作中有很多的事故都与习惯性的坏行为有关，在生产操作中，好习惯将使生产工作更安全，坏习惯只能害人害己，每个人都必须养成良好的安全生产习惯，尤其不能养成习惯性违章。